ペット訴訟 ハンドブック

関係法・判例解説、交通事故、動物病院、
飼い主が加害者となる場合、ペットショップ、ペットホテル、
トリミングショップ、ペットをめぐる近隣トラブル

弁護士・司法書士
渋谷 寛〔著〕

日本加除出版株式会社

はしがき

1998年11月1日（ワンワンワン），東京で開かれた第1回ペット法学会に参加したとき，これからはペットに関する訴訟が増えるであろうと直感しました。それから，ペットに関する訴訟を積極的に扱うようにしました。ペットは単なる「物」と同じなのか，命があることで何かが変わるのか。我が国におけるペットの法律上の地位を明らかにしたいと思いました。

ペットは法律上「物」に過ぎない，たかがペット，死亡しても飼い主の慰謝料は数万円と考えている法律家と沢山出会いました。著者は，「動物が命あるもの」（動物の愛護及び管理に関する法律第2条）であることから法解釈の変更が必要であるとの考えに至りました。裁判所に対しては，「命あるもの」に適する内容の判断をして欲しく，果敢な法創造機能の発動を期待して幾多の訴訟を提起してきました。

著者が手掛けたペット訴訟事件は，咬傷事件，譲渡後の返還請求，ドッグショーでの怪我，ペット飼育可能な物件の敷金返還問題などありましたが，もっとも訴訟として多く扱った事例は獣医療過誤訴訟です。平成15年以来，約17年間，獣医療過誤訴訟を扱い続けています。

ペットに関する法的トラブルに対して，公正な裁判が行われ，より良い解決がもたらされ，法的な意味でも人と動物の共生（同法第1条）が実現することを願っています。

本書は，本人訴訟にも役立つことを念頭に置きながら，より多くの行政書士にもペットの法的問題に関心を持って欲しく，若手の弁護士や司法書士がペットに関する訴訟を起こすことに躊躇することがなくなるよう，なるべくわかりやすく記載することを心がけました。

判決文を引用する場合は適宜略すなどしています。正確な判決内容を知りたい場合は，できるだけ原典にあたってください。また，訴状等の書式例を入れましたが，これらは著者の経験に基づく一例です。他の情報にあたる等してより良い訴状にして提出してもらえるとありがたいです。

本書を刊行するにあたって，約20年にわたりペットの裁判例の情報の整理をしてくれた秘書M. K. さんに感謝の意を表します。

原稿の執筆中は，受験時代に飼育していたシェットランド・シープドッグ種で愛称「ミッチー」のことをよく思い出しました。死別したときの経験がなかったら，ペットのトラブルに関心を持つことはなかったでしょう。

令和２年９月

渋谷　寛

目 次

第1編 概観と関連法規

第2編 ペット訴訟の実務

COLUMN 目次

※コラム写真撮影・著者

概観と関連法規

第1章　ペットにまつわる事件の総論

第1　はじめに

1　人とペットにまつわるトラブルの解決

人もペットとしている犬猫等も，同じ地球上の命ある生き物です。その生き物の中で，人はいろいろな意味で優位に立ちながらほかの動物と共存しています。特に，犬や猫とは，太古の昔から共に生活してきました。ペットと人が生活を共にしてきたのですから，人の間の紛争にペットが巻き込まれたこともあったでしょう。ペットが起こしたトラブルの解決を，人が行ったこともあったでしょう。人とペットに関わるトラブルを，法を適用する裁判によって解決するためにはどうすればよいか，幾つかの裁判例を参考にしながら，どのように訴訟を起こしたらよいかを検討してみます。

2　明治時代に法律と裁判制度を輸入

明治維新後，欧州の法律，裁判制度を参考に，本邦でも裁判制度が始まりました。ペットにまつわる問題に，法律を適用して，裁判で解決する仕組みが出来上がったのです。

3　日本のペットに関する裁判例集に登載された裁判例

明治時代に犬猫等のペットに関連して裁判を起こす事例はどれほどあったのでしょうか。調べてみても多くの裁判例を見つけることはできませんでした。大正時代から戦前までの間では馬に関する裁判（大審院大正４年５月１日判決民録21輯630頁）など幾つか見つけることができました。

戦後になると，犬の咬傷事件等幾つかの裁判例を見つけることができます。さらに平成の時代になると，ペットに関する様々な事例に関しての裁判例が裁判例集に登載されています。この数十年でペットに関する裁判が多くなり注目されているのだと思います。

4　ペットのトラブルと弁護士

そもそも，弁護士は，ペットに関する法律問題を扱うことが少なかったと思います。裁判で勝訴しても，認容額が少なく，対立する紛争の内容は感情的で扱いが難しい等の理由から，敬遠してきたのではないでしょうか。「たかがペットのことで大騒ぎするな」「ペットの訴訟は過去にやったことがなく，専門外だ」などと言って断ってきたのではないでしょうか。

5　ペット法学会

1998（平成10）年11月１日，東京で「ペット法学会」が立ち上がりました。民法学者，弁護士，獣医師，動物愛護団体の関係者等が集まり，ペットに関する法律問題を研究し社会に貢献する活動を始めたのです。この活動に参加する弁護士・司法書士・行政書士は僅かながら増えています。最近の若手の弁護士は，むしろ新しい分野として，積極的にペットに関する法律問題を扱うようになっていると思います。動物好きな弁護士，動物の法的地位を向上させたいと願う法律家が増えてきたように思います。

6　ペットに関する訴訟が増えた

ペットに関する訴訟が増えたということを示す統計は見つかりません。裁判所は，司法統計を作成していますが，その中にペットに関する訴訟という項目はありません。正確な数字は分かりませんが，感覚としてペットに関する訴訟が増えていると感じています。判例集のデータベースなどでペットの裁判例を探すと，平成以降では，たくさんの裁判例を見つけることができます。

一昔前は，多くの，犬は番犬，猫はネズミ捕りとしての役目しかなかったかもしれません。最近は，ペットとして飼育することが多くなったので，子供同然に扱っています。子供同然のペットが他人にけがさせられたら，飼い主は怒り，訴訟でも起こそうと思うこともあるでしょう。以前は，弁護士は扱ってくれなかったかもしれませんが，最近は真剣に相談に乗ってもらえる弁護士が増えたことでしょう。簡易裁判所の裁判を前提とすれば，司法書士にも頼めます。飼い主が裁判を起こせる場面が増えたと思います。ペットの価値も高まり，ある程度の費用をかけてでも裁判を起こしたいと思う飼い主が増えたといえるでしょう。

7　ペットブーム

戦後，様々な動物がペットとして飼われていますが，ペットブームという現象が起きました。セキセイインコや熱帯魚を飼うのがブームになったことがありました。その後，犬猫を飼うペットブームが生じました。最近は，犬よりも飼育が楽な猫を飼うブームが来ているようです。このようにして，犬や猫などのペットは，飼い主からの愛情を受けて，愛玩動物として飼われるように変化してきました。番犬としての犬ではなく，ネズミ捕りのための猫ではなく，家族の一員としての地位が与えられてきました。かわいさのあまりに甘やかして育てると，しつけがおろそかとなり，犬猫が他人に迷惑をかけることが生じます。また，最愛のペットが他人から傷つけられたり，殺されたりしたら許せないのは当然で，訴訟にまで発展することもあるのです。ペットが家族の一員となったことで，ペットに関するトラブルはより根深いものになったのではないでしょうか。

8　価値観の対立

ペットを子供と同じように，人に準じて大切にすべきだと考える人もいれば，反対に，ペットはたかが動物であり人間と同列には扱えないと考える人もいます。お互いに相手に対して説得を試みても，最終的には価値観の違いから溝が埋まらないことがあるでしょう。このような場合，話合いでは解決せず，裁判に進むことが多くなります。裁判上の和解も成立しにくく，判決まで到達することになるでしょう。

過去にかまれた経験がある，アレルギーがある，臭い汚いなどと思い動物は嫌いだという人もいます。ペットが好きという人と，動物は嫌いだという人との間で争いが生じることもあります。この場合も，考え方の違いがあるので，妥協点を見出すのが難しそうです。好きだ，嫌いだとの感情の対立があるのです。離婚事件のようにドロドロとした事件となります。経済的な合理性という観点から解決することは難しいでしょう。

9　近所の関係

ペットにまつわるトラブルには様々なものがあります。比較的多いのは，犬の散歩中の咬傷事件，地域猫による糞害，隣の家の犬や猫の鳴き声がうるさいというトラブルでしょう。ご近所のトラブルが多いということです。そう簡単に引っ越すことはできないうえに，毎日の出来事になりますから，問題の根は深いともいえます。他方で，近所の問題であるから，大事にしたくないという気持ちも働きます。近隣の人ともめ事を起こしたくないから，できるだけ相手の主張をのんで改善する，または，泣き寝入りすることもあるでしょう。解決に向けた交渉事件においても，なるべく穏便に済ませたいとの願望があると思います。そうして，お互いが妥協して解決に向かうこともあるでしょう。

しかし，このような状況下においても，交渉がまとまらず，訴訟に発展する事例がなくはありません。訴訟にまで発展する事例は，お互いに許すことができず，とても感情的になっている場合が多いといえます。このような場合は，徹底的に争って，裁判所の判断を仰ぐことが多くなるでしょう。

10　商品としてのペット

ペットは商品だと考えている人もいるようです。ペットショップの経営で考えると，安いペットを仕入れて，それを高く大量に販売して大きな利益を求める人もいるのではないでしょうか。悪質な業者が，ペットの健康状態を十分に確認しないまま販売に回してしまう，小さくてかわいい方が売りやすいので早めに親や兄弟からペットを離してしまう，販売時に飼い方などについての十分な説明（情報提供）を行わないとしたら問題です。買主を消費者として保護する視点も必要でしょう。

COLUMN

ハムラビ法典とペットトラブル

ペットにまつわる法的なトラブルは，昔からあったことでしょう。同害報復で有名なハムラビ法典（紀元前18世紀中頃）には，動物の飼い主と獣医師との治療費や損害賠償に関する取決めがあったようです。その225条には，「もし牛あるいはロバに大傷を負わせ，死なせたなら，彼（医者）は牛あるいはロバの所有者にその値段の４（あるいは５？）分の１を与えなければならない。」と規定されているそうです（『ハンムラビ「法典」』中田一郎訳，リトン，1999年）。あたかも獣医療過誤を前提にした損害賠償額についての規定のように読めます。

COLUMN

聖徳太子とペット

聖徳太子（574～622年）は，頭の良い雪のように白い「雪丸」という愛犬を飼っていたとされています。人の言葉を理解でき，お経を読むことができたとされています。奈良県王寺町の片岡山達磨寺の境内には，雪丸の石像が置かれています。

彫刻として残された愛犬

鳥獣人物戯画，日本最古の茶園として知られる，京都栂尾山高山寺には，実寸大とされる木彫りの犬が安置されています。鎌倉時代に，この寺にゆかりのある明恵上人が，有名な運慶の子である湛慶（承安３～建長８（1173～1256）年）に彫らせたとされています。

義犬　華丸の記念碑

長崎県大村市萬歳山本経寺の境内には，小佐々市右衛門前親（あきちか）の愛犬「義犬華丸」（狆種）の記念碑が置かれています。前親の墓の隣には，慶安３（1650）年主人が殉死したことにより荼毘（だび）に付された際，華丸は泣き悲しんで火の中へ飛び込んで後を追ったことが記録された墓碑もありました。

COLUMN

ウイスキー・キャット

1　ギネスブックに載った猫

猫は，ネズミ退治の為に活躍してきました。ウイスキー造りには，大麦が必要です。この大麦を食べてしまうネズミを退治するために，スコットランドの蒸留所では猫が飼われていました。ディスティラリー・キャットと呼ばれています。グレン・タレット蒸留所（パースシャー）では，タウザーと名付けられた猫が，24歳まで生き（1987年没），生涯で２万8899匹のネズミを捕獲したとしてギネスブックに登録されています。

2　イギリスでもっとも美しい猫

スコットランドのインナーヘブリディーズ諸島のアイラ島には伝統的な蒸留所がたくさんあります。その中でも，ボウモア蒸留所で人気者だったウイスキー・キャットは，英国のウィークリーマガジンにおいて「イギリスでもっとも美しい猫」に選ばれたそうです。そのグレー色の猫の愛称はスモーキーだそうです。ピート（泥炭）の香りを連想させます。

第2　ペットと日本法

1　ペットの憲法上の地位

日本国憲法には，動物という言葉は出てきません。ちなみにドイツの憲法に相当する基本法には，国は国政において動物を保護しなければならない趣旨の条項があります（ドイツの基本法20a条）。これに対して，我が国の憲法にはどこにも動物に関する規定がなく，動物に関する規定を設けるようにとの改正論も耳にしません。

ところで，動物の愛護及び管理に関する法律（以下「動物愛護管理法」といいます）は，ペット業者に対して登録義務などの様々な義務を課しています。ペット業者には，憲法で保障されている営業の自由（憲法22条1項参照）があると主張することでしょう。この営業を制限する際に，対立する憲法上の人権は何になるのでしょう。ペットをかわいがる飼い主の幸福追求権でしょうか。

もっとも，営業の自由も公共の福祉による制限を受けることになります（憲法13条）。動物愛護管理法の改正にあたり，動物取扱業者に新しい規制を設ける際には，少なくともその規制が著しく不合理であることが明白とはいえないことが必要でしょう。また，改正の目的が必要かつ合理的か，その規制の他に選び得るより制限的でない規制手段があるか否かという観点からも，検討してみる必要があるかもしれません。

2　ペットの民法上の取扱い

(1)　法律上は物としての動産

民法では，権利の主体としての人と，権利の客体としての物に大きく分類しています。法人は別として，人が権利の主体となり，それ以外の動物は権利の主体とはなれません。人以外の地球上の物体は権利の客体として扱われます。物を不動産と動産に分けていて，動物は動く物として動産に分類されることになるのです（民法86条2項）。

この人間を主体として，その他の物を客体と考える発想は，欧州で生まれた発想でしょう。欧州の価値観や宗教から影響を受けていると思います。この発想が，明治時代に，民法に内在して我が国へ輸入されてきたのだと思います。ちなみに，民法が成立したのは，明治29年，西暦で1896年のことです。

我が国では，動物に対しては，仏教や儒教の影響もあり，輪廻転生等の発想から，人と動物は生まれ変わり得る存在であり，相対する存在と思うことはなかったのではないでしょうか。この東洋的な感覚からも，西洋的な表現である動物は物でしかないという表現には，違和感を抱く人が多く，法律は動物に対して冷たいと感じる日本人もたくさんいるのではないでしょうか。

欧州でも，動物に対する考え方が変わり，動物の権利とか動物の解放を議論するようになったようです。そうして，我が国が民法のお手本としたドイツでは，動物は物ではない，とい趣旨の条項に改正しました（BGB 90条ａ１文）。フランス法においても，動物は生命がある趣旨の条文に変わりました（フランス民法典515-14条）。これらのように欧州の民法では近年動物に対する配慮を含めて改正がなされているようです。我が国でも，債権法を主とする大改正があり令和２（2020）年４月１日より施行されましたが，残念なことに，動物への配慮に触れる改正はありませんでした。

(2)　所有権の対象となるペット

民法では物権を定めています（民法175条以下）。典型的なのは所有権です。権利の客体である物に関しては，所有権を持つことができます。人は，物である動物に対して所有権を持つことができるのです。この所有権という権利の内容は強固です。所有権絶対の原則といわれるほどです。所有者は，所有権の対象に対して，使用，収益，処分を自由に行えます。民法206条は「所有者は，法令の制限内において，自由にその所有物の使用，収益及び処分をする権利を有する。」と定めています。極端な例を出すと，壊すために鉛筆を購入して，折って楽しむことも許されることになります。

これを動物に当てはめると，虐待目的で，ペットショップで犬を購入してその後いじめて楽しむことも許されそうです。しかし，これは許されません。所有権の権利行使は，「法令の制限内」という制限があるからです（民法206条）。動物愛護管理法では，愛護動物へのみだりに殺傷・虐待・遺棄行為をすることについて罰則を設けています（動物愛護管理法44条）。これら罰則である殺傷・虐待や遺棄に至らない行為であっても動物愛護管理法の基本原則である２条には「動物が命あるものであることにかんがみ，何人も，動物をみだりに殺し，傷つけ，又は苦しめることのないようにするのみでなく，人と動物の共生に配慮しつつ，その習性を考慮して適正に取り扱うようにしなければならない。」と定められているので適正な取扱いをしなければなりません。

動物に対する所有権は，動物愛護管理法等の法律により，制限を受けているのです。

海外の民法では，所有権概念が強過ぎることを懸念してか，動物に対する所有権は，動物を保護するために動物に関する特別な規定を守らなくてはならないとする条文があるようです。所有者であっても，動物を保護するために，動物の所有権が制限を受けることを法律自体で規定しているのです。我が国の令和２（2020）年施行の改正民法では，この趣旨の条項を加えられていません。

(3)　所有権絶対の思想がネックとなる事例

所有権絶対の発想がネックになる事例は幾つかあります。例えば，動物虐待を行った飼い主が，警察に動物虐待罪で逮捕された場合です。虐待を受けた動物は，被疑者の自宅に取り残されます。その残された動物を誰がどのように保護するかが問題となります。動物保護団体の人が面倒を見ることもあるようです。その際，所有者である飼い主の同意なくして餌を与えてよいのか，別の場所へ移してよいのか等の現実的な問題が生じます。被疑者が，動物の所有権を放棄する，又は，第三者に所有権を譲渡すれば，動物愛護団体の人が引き取ることも可能にはなります。

しかし，この放棄・譲渡が行われない場合は，勝手な行動はとれず問題となります。

(4) 動物虐待が繰り返される

動物虐待をする人が保釈され，執行猶予が付き，動物のいる自宅に戻ってきたとき，再び虐待を繰り返すことがあり得ます。この再虐待を防ぐ方法として，虐待を受けた動物を刑罰として没収することが考えられますが，犯罪組成物として動物を没収した事例は見当たりません。海外では，刑罰の種類として，動物飼育禁止というものがあるようですが，我が国の刑法にはこの手の刑罰は存在しません。戻ってきた犯罪者は，再び動物と自由に接することができることになります。

3　ペットの刑法上の扱い

動物愛護管理法は，幾度の改正のたびに，動物虐待関連の刑罰を引き上げています。令和元（2019）年の改正では，懲役５年又は罰金500万円まで引き上げられています。これは，器物損壊罪の懲役３年又は罰金30万円の罰則を超えています。刑法の範疇では，動物は単なる物ではなく，命ある物として，器物より手厚く保護されているといえるでしょう。

刑罰を作るからには，保護すべき法益が存在すると考えられます。動物虐待罪関連の保護法益は何なのか，再度検討を加える必要があると思います。財産的法益では説明がつかないでしょう。社会的法益に求めることになると思いますが，詳細な検討が必要だと思っています。

4　犬の没収を認めない裁判例

狂犬病予防法５条１項の構成要件の解釈上，犬の所有者がその犬に狂犬病の予防注射を受けさせなかったことだけを犯罪とすると解されるので，その犬は犯罪組成物件とならないと判断した裁判例があります（第１編第２章第１・３(2)（大阪高裁平成19年９年25日判決（判タ1270号443頁）））。

5　強制執行において動産執行の対象となるペット

お金の支払ができないときなど，判決等により強制執行がなされることがあります。債務者が持っている物を金銭に換価して，強制的に債権を回収する制度です。土地や建物に対しても行われますが，これらの不動産を持っていない債務者に対しては，動産執行をすることがあります。債務者が自宅でペットを飼育している場合，このペットが動産執行の対象になり得るのです。民法上ペットも動産に分類されるからです。強制執行においては，動産の中でも債務者にとって必要不可欠の物は，強制執行の対象から除く規定があります。民事執行法131条で定めています。例えば，「債務者等の生活に欠くことができない衣服，寝具，家具，台所用具，畳及び建具」は，差押えができないとされています。しかし，この例外を規定した条文の中に，ペットは含まれていないのです。それゆえ，条文上は，家族同然に暮らしているペットを差し押さえて換金できることになりそうです。ちなみに，海外の民事執行法では，営利目的でない家庭内の動物は強制執行の対象にならないとする規定があるようです。

COLUMN

渋谷駅に通ったハチ公の生家

渋谷駅の待ち合わせ場所としては，忠犬ハチ公像の前が有名です。ハチ公は，秋田県（現）大館市の斉藤家で，大正12（1923）年の秋に誕生しました。そして，東京帝国大学農学部教授の上野博士が，念願であったこの秋田犬を譲り受け，ハチと名付けたそうです。ハチ公の生家の前には，ハチ公がここで生まれたことを刻んだ記念碑と石像が置かれています。

第2章　関連法，行政・自治体による規制

第1　関連法

1　民　法

民法典の中には，動物に関する条文が幾つかあります。その中で最も動物に関係の深い条文は，裁判でよく根拠法令とされている動物の占有者等の責任を定めた718条でしょう。

> **民法718条（動物の占有者等の責任）**
> 1　動物の占有者は，その動物が他人に加えた損害を賠償する責任を負う。ただし，動物の種類及び性質に従い相当の注意をもってその管理をしたときは，この限りでない。
> 2　占有者に代わって動物を管理する者も，前項の責任を負う。

これは，動物が他人に損害を与え得る危険性のあることから，一般の過失責任としての不法行為責任（民法709条）よりも重い危険責任を定めていると考えられます。1項にはただし書があり，免責を認めているので，無過失責任を定めたことにはならないでしょう。

「動物」には，制限がなく，犬，猫のみならず，馬，牛，噛みつき亀，ピラニアなどの全ての動物を含むことになります。

責任を負うのは，1項の「占有者」と2項の「占有者に代わって動物を管理する者」いわゆる管理者です。所有者である必要はありません。動物に近いところで損害の発生を防止することができる立場にいる人が責任を負うという発想でしょう。動物の飼い主は，責任を負う主体となります。

占有補助者や占有機関は，責任を負わないと考えられています（横浜地裁昭和33年5月20日判決（判タ80号85頁），大阪地裁昭和53年9月28日判決（判タ371号115頁）参照）。

２項の保管者について「動物の種類及び性質に従い相当の注意を以ってその保管」者を選任・監督したことを挙証すれば，その責任は負わないとした裁判例があります（最高裁昭和40年９月24日判決（民集16巻２号143頁））。

〈免責について〉

１項のただし書の免責については，判例があります。最高裁判所昭和37年２月１日判決（最高裁判所民事判例集16巻２号143頁）では，ただし書の「動物の種類及び性質に従い相当の注意をもってその管理をしたとき」について「通常払うべき程度の注意義務を意味し，異常な事態に対処しうべき程度の注意義務まで課したものでない」としています。「異常な事態」が生じた場合は免責されることになります。何が通常で，何が異常かは，その時々の飼い主等に求められる要求によって変わってくることでしょう。

本条の危険責任の趣旨からすると，免責事由は容易には認められないことになるでしょう。とにかく，占有又は保管する動物が，他人に損害を与えた場合は，原則としてその損害の賠償責任が生じることになります。免責事由があることは，加害者側が立証しなければならないと考えられています。

裁判例で，免責を認めたものは僅かです。

大阪地方裁判所昭和45年５月13日判決（判例タイムズ253号289頁）は，幼児（２歳）が，右耳翼を負傷し欠損するに至り，その両親を含む原告らが，この傷害は被告の飼犬がかんだためであるとして損害賠償を請求した事案で，原告の傷害が被告飼犬によるもので，その事故は玄関先の支柱につながれたまま発生したのであり，被告居宅前の通路から容易に犬の存在は分かったと認定し，そして，飼犬の種類，性質，つながれた場所及び行動可能な範囲，及びその周囲の状況を勘案すると，被告の占有補助者であるその妻が飼犬を支柱につないだことによって通常人がかまれることは考えられず，本件の場合は２歳に満たない幼児が自ら犬に近づいてかまれたのであって異常な事故といえ，ここまでを予想して対処する義務は飼主にはないとして請求を棄却しています。

東京地方裁判所昭和52年11月30日判決（判例時報893号54頁）は，木材の仲買商を営んでおり，被告宅の東側の空地に立木を見つけ，その土地に立ち入った際，被告の飼育する犬にかまれ，治療費等を損害賠償請求した事案で，本件の事故が起きた土地が，建物使用者の管理する土地であって一般人に開放された土地でないことは外見上容易に看取し得る状態であったことや，被告がその中ほどの場所に長さ２メートルほどの鎖でつないでいたことから，被告は犬をその性質に従って相当の注意をもって飼育していたといえるとして，請求を棄却しました。

東京地方裁判所平成19年３月30日判決（判例時報1993号48頁）は，ドッグラン内の中央付近を突っ切ろうとした者と犬が衝突した事案で，ドッグランにおいても飼い主は通常払うべき程度の注意義務を負うが，その義務は特段の事情がない限り犬が自由に走り回ることができる状態を前提とすべきであり，また，「相当の注意」は，異常な事態に対応できる程度の注意義務までをも課したものではなく，ドッグラン中央部に人が立ち入るという異常な事態を飼い主が予見して対応する必要はないとして，飼い主は民法718条１項ただし書の「相当の注意」を尽くしたとされ免責を認めました（第２編第４章第２・２(7)参照）。

これらの裁判例のように，被害者の行動が通常の想定外の，異常と評価できる場合では，免責が認められています。

〈過失相殺〉

免責までは認められなくても，被害者側の過失をしん酌し過失相殺して，損害の公平な分担を図り，賠償すべき損害額を割合的に減じる裁判例があります。犬をからかって手をかまれた類の事案では，賠償額が減じられています。

広島高等裁判所松江支部平成15年10月24日判決（判例集未登載，第２編第４章第２・２(4)後掲裁判例）は，小学生が，飼い犬にかまれ上口唇部挫創等の傷害を負った事例で，小学生がかむ癖を有する犬であることを知りながら被告の犬に近づいたことに着目し，過失割合は５対５であるとしたものがあります。

民法195条（動物の占有による権利の取得）
家畜以外の動物で他人が飼育していたものを占有する者は，その占有の開始の時に善意であり，かつ，その動物が飼主の占有を離れた時から１箇月以内に飼主から回復の請求を受けなかったときは，その動物について行使する権利を取得する。

この条文については，戦前，大審院の判決（大審院昭和７年２月16日判決（大民集11巻138頁））があります。九官鳥が，この条文の「家畜」に含まれるかが争われた事案です。大審院は，民法195条のいわゆる「家畜外ノ動物」とは，人の支配に服さないで生活するのを通常の状態とする動物を指称するとの基準を立て，九官鳥は我が国においては，人に飼養されその支配に服して生活するのを通常の状態とすることは一般に顕著な事実であるから，民法195条のいわゆる「家畜外ノ動物」に該当しないと判断しました。

家畜として思い浮かぶのは，牛，馬，豚，鶏の類でしょう。これらの家畜は，通常誰かが飼育している動物ですから，その飼い主が誰か分からないとしても，どこかに飼い主がいるはずだから，占有しただけでは自分の物にすることはできないことになるのです。これに対し，野原に飛んでいる蝶は，一般的に家畜外の動物といえるでしょう。人の支配に属さないで生活するのを通常としている動物といえるからです。

この条文によれば，草むらにいる蝶を捕まえてきた場合，その蝶が他人が飼育していたものが逃げ出してきて，実際には飼い主が（所有者）がいる場合でも，蝶は家畜外の動物に当たると考えられるので，飼い主がいるとは思わなかったのであれば，その飼い主から逃げ出した後１か月以内に返還の請求を受けなければ，自分の物とすることができることになります。

それでは，犬の場合はどうでしょう。家の近所に迷い込んできた首輪もマイクロチップも付けていないが誰かが飼育している犬がいたとします。それを自分の犬にしようとして捕まえた場合です。犬は，家畜外の動物とはいえないと考えられます。野良犬という例外を除けば，人の支配に服さないで生活するのを通常の状態とする動物とはいえないからです。それゆえ，逃げ出した後１か月を過ぎても飼い主から返還請求されないとしても，その犬を自分の物にすることはできないのです。

この場合は，遺失物として警察に届け出て所定の手続を経ることにより，所有権を取得することができます（民法240条）。

もっとも，誰の所有にも属さない野良犬の場合は，自分の物にしようとして捕獲すれば，その犬の所有権を取得することができます（同法239条１項）。

ちなみに，民法で「動物」という言葉が登場する条文は，195条と718条の２条しかありません。ペットに関する問題が増えている昨今，ペット特有の法規範や解釈も必要であり，ペットについて特別の扱いをしている裁判例が出てきている状況からして，民法にはもっとたくさんの動物に関する規定が作られてもよいはずです。

2　動物愛護管理法

⑴　制定の経緯

現在の正式名称は動物の愛護及び管理に関する法律です。制定されたのは，昭和48（1973）年であり，そのときの名称は，動物の保護及び管理に関する法律でした。平成11（1999）年の改正で，「保護」が「愛護」に変わりました。

制定当時は，動物の保護や管理に関する独自の法典はありませんでした。動物（牛馬等）虐待に関する犯罪が（軽犯罪法（旧１条21号）昭和48年改正により削除）にある程度でした。動物福祉の先進国といわれている国では，動物福祉に関する法律があるのに対し，我が国ではこれがなかったので新設する必要が生じてきました。背景には，我が国がクジラを捕まえて食べてしまう野蛮な国だとの外国からの批判の回避や，数年後に英国のエリザベス女王が来日（昭和50（1975）年）することの影響等があったとされています。

⑵　議員立法

この法律は，内閣が提出した法案（閣法）ではなく，国会議員により発議（議員立法）され成立したものです。議員立法の場合，慣習として満場一致で成立することとされているようです。与野党の垣根を超えて，反対票なしで成立するのです。もちろん，国会の法制局のチェックが入ると思いますが，条文の内容や表現は，ほかの法律に比べると個性的なものがあるように感じています。

制定当時の動物保護管理法は，努力目標を掲げた条文が多く，僅か13条しかありませんでした。

１条の目的では「この法律は，動物の虐待の防止，動物の適正な取扱いその他動物の保護に関する事項を定めて国民の間に動物を愛護する気風を招来し，生命尊重，友愛及び平和の情操の涵養に資するとともに，動物の管理に関する事項を定めて動物による人の生命，身体及び財産に対する侵害を防止することを目的とする。」とあります。

13条では，罰則を定めていますが，「保護動物を虐待し，又は遺棄した者は，３万円以下の罰金又は科料に処する。」と比較的軽い刑罰でした。

それから，26年の歳月が過ぎた平成11（1999）年に大きな改正がありました。この改正の背景には，神戸連続児童殺傷事件（平成９（1997）年）の前兆として動物虐待の問題があったことから，動物虐待罪に対する厳罰化の要請があったこと，個人的には平成10（1998）年にペット法学会が立ち上がったという社会情勢の変化があったと思います。この改正により，「愛護」の文字が加わり法律の名称も現在のものに変更されました。飼い主責任に関する規定が徹底されました。また，ペットショップなどの動物取扱業に対する規制（届出制）が加わりました。さらに，動物殺傷罪の対象動物（愛護動物）に，ワニ・トカゲなどの爬虫類（人が占有している場合）が加わり，罰則も強化され最高１年以下の懲役又は100万円以下の罰金と引き上げられました。また，５年後に更なる改正等の必要性を勘案して所要の措置を行うことも定められまた。

そして，６年後の平成17（2005）年には，再度改正が行われます。悪質な動物取扱業者に対する規制強化の必要性から，届出制が登録制に変わりました。ライオンや象等の危険性のある特定動物に対するマイクロチップなどの個体識別装置を付けることの義務化，動物実験等動物を科学上の利用に供する場合に，苦痛の軽減のみならず，代替手段及び数の減少への配慮の必要性，愛護動物の虐待罪の罰則を，30万円以下の罰金から50万円以下の罰金に引き上げることになりました。５年後を目途に再検討する規定も置かれています。

７年後の平成24（2012）年，３度目の改正が行われました。犬猫等動物販売業者に対する規制として，いわゆる幼齢動物への規制（改正当時の43日から56日まで段階的に引き上げる激変緩和措置），販売が困難となった犬猫等の終生飼養の確保，都道府県等が，犬又は猫の引取りをその所有者から求められた場合に，動物取扱業者からの引取りを求められた場合等その引取りを拒否できる事由が明記，愛護動物殺傷罪・動物虐待罪などの罰則の強化，愛護動物殺傷罪の上限は２年以下の懲役又は200万円以下の罰金に引き上げられました。

さらに７年後の令和元（2019）年６月，４度目の改正が行われました。

幼齢な犬猫の販売の制限，マイクロチップの装着の義務化，愛護動物殺傷罪の罰則の更なる強化（最長懲役５年），特定動物（危険動物）を愛玩目的で飼育することの禁止等が定められました。

平成11（1999）年から令和元（2019）年までの20年間に，４回の大幅な改正があり，13条だった条文数は現在では枝番号の付いた条項を含めると実質99条に約7.6倍になりました。愛護動物に関する罰則は，当初は３万円以下の罰金だったものが，５年以下の懲役又は500万円以下の罰金になりました。罰金だけ比較すると，約167倍になります。この間，社会の情勢が変化して，これだけの改正の必要が生じたことになります。

(3)　生類憐みの令との対比

江戸時代の生類憐みの令は，約22年間に約100回以上の御触れを出したとされ，朝令暮改だと，動物を虐待した者に対して島流しの刑や切腹を命じたことが刑の均衡を失しているなどと非難され，我が国の悪法の

１つとされています。武士や町民などからの反発が多かった生類憐みの令は，将軍の死後すぐに廃止されたそうです。

生類憐みの令は，人を含めた命ある動物に対して憐れむ気持ちを持つことの大切さを教える点では，動物愛護・福祉の精神に共通のものがあり，再評価すべきとの声もあります。

動物愛護管理法は，議員立法として，衆議院と参議院の両院で成立しているので，国民からの熱い支持がある法律だといえるでしょう。改正の際には，改正の必要性，制限の合理性があるかなど，いわゆる立法事実があるか否かが十分に検討されてきたことと思います。

⑷　ペットの訴訟に関連し得る比較的重要な動物愛護管理法（令和元（2019）年改正後）の条文

動物愛護管理法は，総則，基本指針等，動物の適正な取扱い，都道府県等の措置等，動物愛護管理センター等，犬及び猫の登録，雑則と罰則の実質８章から成り立っています。この中でも，第３章（動物の適正な取扱い）の条文が最も多く，１総則，２第一種動物取扱業者，３第二種動物取扱業者，４周辺の生活環境の保全等に係る措置，５動物による人の生命等に対する侵害を防止するための措置の５つの節に分かれています。

動物愛護管理法１条（目的）

この法律は，動物の虐待及び遺棄の防止，動物の適正な取扱いその他動物の健康及び安全の保持等の動物の愛護に関する事項を定めて国民の間に動物を愛護する気風を招来し，生命尊重，友愛及び平和の情操の涵養に資するとともに，動物の管理に関する事項を定めて動物による人の生命，身体及び財産に対する侵害並びに生活環境の保全上の支障を防止し，もって人と動物の共生する社会の実現を図ることを目的とする。

最終的な目的は，「人と動物の共生する社会の実現」ということになります。動物愛護管理法では，大きく分けると，①動物の愛護に関することと②飼育動物の管理に関することを定めることの２つの内容を定めているといえるでしょう。

動物愛護管理法２条（基本原則）

1　動物が命あるものであることにかんがみ，何人も，動物をみだりに殺し，傷つけ，又は苦しめることのないようにするのみでなく，人と動物の共生に配慮しつつ，その習性を考慮して適正に取り扱うようにしなければならない。

2　何人も，動物を取り扱う場合には，その飼養又は保管の目的の達成に支障を及ぼさない範囲で，適切な給餌及び給水，必要な健康の管理並びにその動物の種類，習性等を考慮した飼養又は保管を行うための環境の確保を行わなければならない。

「動物が命あるもの」と表現されています。民法上は，いまだ物（動産）に属するとしても，我が国の法律上の表現としては，動物は単なる物ではなく「命あるもの」として扱われているといえるのです。

動物愛護管理法７条（動物の所有者又は占有者の責務等）

1　動物の所有者又は占有者は，命あるものである動物の所有者又は占有者として動物の愛護及び管理に関する責任を十分に自覚して，その動物をその種類，習性等に応じて適正に飼養し，又は保管することにより，動物の健康及び安全を保持するように努めるとともに，動物が人の生命，身体若しくは財産に害を加え，生活環境の保全上の支障を生じさせ，又は人に迷惑を及ぼすことのないように努めなければならない。この場合において，その飼養し，又は保管する動物について第７項の基準が定められたときは，動物の飼養及び保管については，当該基準によるものとする。

2　動物の所有者又は占有者は，その所有し，又は占有する動物に起因する感染性の疾病について正しい知識を持ち，その予防のために必要な注意を払うように努めなければならない。

3　動物の所有者又は占有者は，その所有し，又は占有する動物の逸走を防止するために必要な措置を講ずるよう努めなければならない。

4　動物の所有者は，その所有する動物の飼養又は保管の目的等を達する上で支障を及ぼさない範囲で，できる限り，当該動物がその命を終えるまで適切に飼養すること（以下「終生飼養」という。）に努めなければならない。

5　動物の所有者は，その所有する動物がみだりに繁殖して適正に飼養することが困難とならないよう，繁殖に関する適切な措置を講ずるよう努めなければならない。
6　動物の所有者は，その所有する動物が自己の所有に係るものであることを明らかにするための措置として環境大臣が定めるものを講ずるように努めなければならない。
7　環境大臣は，関係行政機関の長と協議して，動物の飼養及び保管に関しよるべき基準を定めることができる。

飼い主の責任に関する規定ですが，いわゆる努力義務として定めています。思いのほか抽象的な表現にとどまっていると思われるのではないでしょうか。例えば，犬を散歩させるときは，綱やリードを付けなければならないとまでは規定されていないのです。リードに関する規定は，具体的には，条例（60～61頁参照）などで規定されることになります。

〈２項〉

新型コロナウィルスが猫等の動物に移ることもあるようです。そのほかにも，犬や猫から人に移る狂犬病，小鳥から移るオウム病などの人畜共通感染症に注意が必要でしょう。ペットショップで購入する際には，これらの伝染病に罹患していないか，十分に注意する必要があります。また，犬や猫などとキスをすると，歯周病が移ることもあるようです。

〈３項〉

土佐犬などの危険性の高い犬が，檻から逃げ出して人を襲う事件が度々発生します。業務上過失致死傷罪（刑法211条）で有罪となることもあります。檻の高さや，鍵やドアの丈夫さなど日頃からの点検が必要になります。

〈４項〉

平成24（2012）年の改正で，いわゆる終生飼養の努力義務が定められました。我が国の飼い主は，病気の末期の場合など，苦痛しか与えないのであればかわいそうだ，動物本来の生き方ができないなどと考えて，安楽死を選択する人は少なく，１日でも長く生きてほしいと願う人が多いように思います。飼い始めるときから，そのペットを一生涯飼育できるかを検討することが必要になります。

〈５項〉

ペットをかわいがる飼い主の中には，避妊・去勢をせずに多頭飼いする人がいます。繁殖を繰り返すと，頭数は直ぐに増えてしまいます。散歩不足の犬がストレスから吠え続け，騒音問題を引き起こす，マンションの部屋で，規約で制限されている以上の頭数の猫を飼う規約違反，多頭飼育により，世話が行き届かず，糞尿まみれの不衛生な環境を生じる，十分な餌を与えることができず，痩せさせる，餓死させるなどの問題が生じます。避妊・去勢手術には賛否がありますが，少なくとも管理不能となるほどの多頭飼育は避けなければなりません。

〈６項〉

具体的には「動物が自己の所有に係るものであることを明らかにするための措置について」（平成25年環境省告示第81号）に定められています。家庭で飼育する動物であれば，所有者の氏名及び電話番号等の連絡先を記した首輪，名札等又は所有情報を特定できる記号が付されたマイクロチップ，入れ墨，脚環等がその例とされています。人の生命，身体又は財産に害を加えるおそれが高いことから，厳格な個体の管理が必要である特定動物については，マイクロチップの装着などが義務付けられています。犬に関しては，この告示とは別に狂犬病予防法により，登録と鑑札を着け，毎年１回予防注射を接種し注射済票を着ける義務が生じます（狂犬病予防法４条・５条）。

〈７項〉

この定めは，令和元（2019）年の改正で加えられたもので，本条１項により，飼い主はこの基準を守ることになります。

動物愛護管理法８条（動物販売業者の責務）

１　動物の販売を業として行う者は，当該販売に係る動物の購入者に対し，当該動物の種類，習性，供用の目的等に応じて，その適正な飼養又は保管の方法について，必要な説明をしなければならない。

２　動物の販売を業として行う者は，購入者の購入しようとする動物の飼養及び保管に係る知識及び経験に照らして，当該購入者に理解されるために必要な方法及び程度により，前項の説明を行うよう努めなければならない。

この動物には制限がありませんから，全ての動物の販売について当てはまります。昆虫や金魚等の魚や両生類の販売にも適用されることになります。購入者のレベルに合わせて，分かりやすく説明することが必要になります。購入者の中には，衝動買いしてしまう人がいるかもしれません。その場合でも，その動物の習性，飼い方，逃げ出さない手段等を説明することになります。購入者がその動物を終生飼養する必要があることも説明することになるでしょう。

動物愛護管理法第10条（第一種動物取扱業の登録）

１　動物（哺乳類，鳥類又は爬虫類に属するものに限り，畜産農業に係るもの及び試験研究用又は生物学的製剤の製造の用その他政令で定める用途に供するために飼養し，又は保管しているものを除く。以下この節から第４節までにおいて同じ。）の取扱業（動物の販売（その取次ぎ又は代理を含む。次項及び第21条の４において同じ。），保管，貸出し，訓練，展示（動物との触れ合いの機会の提供を含む。第22条の５を除き，以下同じ。）その他政令で定める取扱いを業として行うことをいう。以下この節，第37条の２第２項第１号及び第46条第１号において「第一種動物取扱業」という。）を営もうとする者は，当該業を営もうとする事業所の所在地を管轄する都道府県知事（地方自治法（昭和22年法律第67号）第252条の19第１項の指定都市（以下「指定都市」という。）にあっては，その長とする。以下この節から第５節まで（第25条第７項を除く。）において同じ。）の登録を受けなければならない。

２　前項の登録を受けようとする者は，次に掲げる事項を記載した申請書に環境省令で定める書類を添えて，これを都道府県知事に提出しなければならない。

一　氏名又は名称及び住所並びに法人にあつては代表者の氏名

二　事業所の名称及び所在地

三　事業所ごとに置かれる動物取扱責任者（第22条第１項に規定する者をいう。）の氏名

四　その営もうとする第一種動物取扱業の種別（販売，保管，貸出し，訓練，展示又は前項の政令で定める取扱いの別をいう。以下この号において同じ。）並びにその種別に応じた業務の内容及び実施の方法
五　主として取り扱う動物の種類及び数
六　動物の飼養又は保管のための施設（以下この節から第４節までにおいて「飼養施設」という。）を設置しているときは，次に掲げる事項
　イ　飼養施設の所在地
　ロ　飼養施設の構造及び規模
　ハ　飼養施設の管理の方法
七　その他環境省令で定める事項
３　第１項の登録の申請をする者は，犬猫等販売業（犬猫等（犬又は猫その他環境省令で定める動物をいう。以下同じ。）の販売を業として行うことをいう。以下同じ。）を営もうとする場合には，前項各号に掲げる事項のほか，同項の申請書に次に掲げる事項を併せて記載しなければならない。
一　販売の用に供する犬猫等の繁殖を行うかどうかの別
二　販売の用に供する幼齢の犬猫等（繁殖を併せて行う場合にあっては，幼齢の犬猫等及び繁殖の用に供し，又は供する目的で飼養する犬猫等。第12条第１項において同じ。）の健康及び安全を保持するための体制の整備，販売の用に供することが困難となった犬猫等の取扱いその他環境省令で定める事項に関する計画（以下「犬猫等健康安全計画」という。）

10条では，第一種動物取扱業者の登録の義務を定めています。ここで対象となる動物は，哺乳類，鳥類又は爬虫類に属するものに限り，畜産農業に係るもの及び試験研究用又は生物学的製剤の製造の用その他政令で定める用途に供するために飼養し，又は保管している動物は除かれます。人の食べ物となる畜産農業にかかる動物，いわゆる産業動物は除かれています。また，薬などの製品の開発のため，医学又は獣医学の教育のために行われる実験動物も対象外となります。

登録の対象となる業種は，営利を目的とする業者で，販売（その取次

ぎ又は代理を含みます），保管，貸出し，訓練，展示（動物との触れ合いの機会の提供を含みます）その他政令で定める取扱いを業として行う業者です。

登録は５年ごとの更新が必要です（13条１項）。登録が取消し（19条），抹消される場合もあります（17条）。事業所ごとに登録標識を掲げる義務があります（18条）。そして，取り扱う動物の管理の方法等に関し環境省令で定める基準を遵守しなければなりません（21条）。

動物愛護管理法21条の４（販売に際しての情報提供の方法等）

第一種動物取扱業者のうち犬，猫その他の環境省令で定める動物の販売を業として営む者は，当該動物を販売する場合には，あらかじめ，当該動物を購入しようとする者（第一種動物取扱業者を除く。）に対し，その事業所において，当該販売に係る動物の現在の状態を直接見せるとともに，対面（対面によることが困難な場合として環境省令で定める場合には，対面に相当する方法として環境省令で定めるものを含む。）により書面又は電磁的記録（電子的方式，磁気的方式その他人の知覚によっては認識することができない方式で作られる記録であって，電子計算機による情報処理の用に供されるものをいう。）を用いて当該動物の飼養又は保管の方法，生年月日，当該動物に係る繁殖を行った者の氏名その他の適正な飼養又は保管のために必要な情報として環境省令で定めるものを提供しなければならない。

対象動物は，犬猫の他，哺乳類，鳥類又は爬は虫類に属する動物を含みます（同法規則８条の２第１項）。

令和２（2020）年の改正で，これらの対面，情報提供は，事業所において行わなければならなくなりました。

必要な情報は，以下の18項目に及びます（同法規則８条の２第２項）。

動物愛護管理法規則８条の２（販売に際しての情報提供の方法等）

１　法第21条の４の環境省令で定める動物は，哺乳類，鳥類又は爬は虫類に属する動物とする。

２　法第21条の４の適正な飼養又は保管のために必要な情報として環境

省令で定めるものは，次に掲げる事項とする。
一　品種等の名称
二　性成熟時の標準体重，標準体長その他の体の大きさに係る情報
三　平均寿命その他の飼養期間に係る情報
四　飼養又は保管に適した飼養施設の構造及び規模
五　適切な給餌及び給水の方法
六　適切な運動及び休養の方法
七　主な人と動物の共通感染症その他の当該動物がかかるおそれの高い疾病の種類及びその予防方法
八　不妊又は去勢の措置の方法及びその費用（哺乳類に属する動物に限る。）
九　前号に掲げるもののほかみだりな繁殖を制限するための措置（不妊又は去勢の措置を不可逆的な方法により実施している場合を除く。）
十　遺棄の禁止その他当該動物に係る関係法令の規定による規制の内容
十一　性別の判定結果
十二　生年月日（輸入等をされた動物であって，生年月日が明らかでない場合にあっては，推定される生年月日及び輸入年月日等）
十三　不妊又は去勢の措置の実施状況（哺乳類に属する動物に限る。）
十四　繁殖を行った者の氏名又は名称及び登録番号又は所在地（輸入された動物であって，繁殖を行った者が明らかでない場合にあっては当該動物を輸出した者の氏名又は名称及び所在地，譲渡された動物であって，繁殖を行った者が明らかでない場合にあっては当該動物を譲渡した者の氏名又は名称及び所在地）
十五　所有者の氏名（自己の所有しない動物を販売しようとする場合に限る。）
十六　当該動物の病歴，ワクチンの接種状況等
十七　当該動物の親及び同腹子に係る遺伝性疾患の発生状況（哺乳類に属する動物に限り，かつ，関係者からの聴取り等によっても知ることが困難であるものを除く。）
十八　前各号に掲げるもののほか，当該動物の適正な飼養又は保管に必要な事項

犬猫等を扱うペットショップで販売する場合には，これら18項目の情報について，その事業所において，当該ペットを前にして，書面等を用いての説明がなされなければなりません。

そして，事業所ごとに，十分な技術的能力及び専門的な知識経験を有する動物責任者を選任しなければなりません（動物愛護管理法22条１項）。

動物愛護管理法22条の５（幼齢の犬又は猫に係る販売等の制限）

犬猫等販売業者（販売の用に供する犬又は猫の繁殖を行う者に限る。）は，その繁殖を行った犬又は猫であって出生後56日を経過しないものについて，販売のため又は販売の用に供するために引渡し又は展示をしてはならない。

いわゆる幼齢動物の販売に関する規制です。海外では，８週齢規制と表現するところがあります。生後８週齢が経たないうちに，親や兄弟から引き離してしまうと，動物としての社会性が身に付かず，生後に吠え癖，噛み癖が現れる等の問題行動を起こすことがあるため，免疫力を高めてから販売することで感染症にかかるリスクを減らせるといわれています。令和元（2019）年の改正の時点で，付則により49日間（７週齢）までの規制は実現できていました。更に１週間延ばして８週齢にする必要があるか，科学的知見があるか等が議論されてきましたが，令和元（2019）年の改正により８週齢規制が導入されることになりました（施行は令和３（2021）年６月頃と予測しています）。もっとも，秋田犬，北海道犬，甲斐犬，四国犬，紀州犬，柴犬の６種の天然記念物の犬については，天然記念物の保存という理由で例外として，７週齢規制が残りました（動物愛護管理法改正附則２条）。

動物愛護管理法改正附則２条（指定犬に係る特例）

専ら文化財保護法（昭和25年法律第214号）第109条第１項の規定により天然記念物として指定された犬（以下この項において「指定犬」という。）の繁殖を行う第22条の５に規定する犬猫等販売業者（以下この項において「指定犬繁殖販売業者」という。）が，犬猫等販売業者以外の者に指定犬を販売する場合における当該指定犬繁殖販売業者に対する同

> 条の規定の適用については，同条中「56日」とあるのは，「49日」とする。

「犬猫等販売業者以外の者に指定犬を販売する場合」に限定されています。

> **動物愛護管理法25条**
>
> 1　都道府県知事は，動物の飼養，保管又は給餌若しくは給水に起因した騒音又は悪臭の発生，動物の毛の飛散，多数の昆虫の発生等によって周辺の生活環境が損なわれている事態として環境省令で定める事態が生じていると認めるときは，当該事態を生じさせている者に対し，必要な指導又は助言をすることができる。
>
> 2　都道府県知事は，前項の環境省令で定める事態が生じていると認めるときは，当該事態を生じさせている者に対し，期限を定めて，その事態を除去するために必要な措置をとるべきことを勧告することができる。
>
> 3　都道府県知事は，前項の規定による勧告を受けた者がその勧告に係る措置をとらなかつた場合において，特に必要があると認めるときは，その者に対し，期限を定めて，その勧告に係る措置をとるべきことを命ずることができる。
>
> 4　都道府県知事は，動物の飼養又は保管が適正でないことに起因して動物が衰弱する等の虐待を受けるおそれがある事態として環境省令で定める事態が生じていると認めるときは，当該事態を生じさせている者に対し，期限を定めて，当該事態を改善するために必要な措置をとるべきことを命じ，又は勧告することができる。
>
> 5　都道府県知事は，前三項の規定の施行に必要な限度において，動物の飼養又は保管をしている者に対し，飼養若しくは保管の状況その他必要な事項に関し報告を求め，又はその職員に，当該動物の飼養若しくは保管をしている者の動物の飼養若しくは保管に関係のある場所に立ち入り，飼養施設その他の物件を検査させることができる。
>
> 6　第二十四条第二項及び第三項の規定は，前項の規定による立入検査について準用する。
>
> 7　都道府県知事は，市町村（特別区を含む。）の長（指定都市の長を除く。）に対し，第二項から第五項までの規定による勧告，命令，報告の徴収又は立入検査に関し，必要な協力を求めることができる。

多頭飼育を含め，不適切な飼育をしている場合に，自治体の介入について規定しています。25条の他の項では，勧告，命令，報告の徴収又は立入検査についても規定しています。

ペットを飼育することにより，騒音，悪臭，毛の飛散，多数の昆虫の発生等の問題・損害が生じた場合は，損害賠償（不法行為）の対象になり得ます。

動物愛護管理法25条の２（特定動物の飼養及び保管の禁止）

人の生命，身体又は財産に害を加えるおそれがある動物として政令で定める動物（その動物が交雑することにより生じた動物を含む。以下「特定動物」という。）は，飼養又は保管をしてはならない。ただし，次条第１項の許可（第28条第１項の規定による変更の許可があったときは，その変更後のもの）を受けてその許可に係る飼養又は保管をする場合，診療施設（獣医療法（平成４年法律第46号）第２条第２項に規定する診療施設をいう。）において獣医師が診療のために特定動物の飼養又は保管をする場合その他の環境省令で定める場合は，この限りでない。

象やキリンなどの体が大きい等の危険性の高い動物は許可がなければ飼育できません。令和元（2019）年の改正で，愛玩目的での飼育に対しては，許可が下りなくなりました。特定動物（危険動物）については，マイクロチップの装着などが義務付けられています（「特定動物の飼養又は保管の方法の細目」（平成26年１月21日環境省告示第10号）第２条）。

動物愛護管理法35条（犬及び猫の引取り）

1　都道府県等（都道府県及び指定都市，地方自治法第252条の22第１項の中核市（以下「中核市」という。）その他政令で定める市（特別区を含む。以下同じ。）をいう。以下同じ。）は，犬又は猫の引取りをその所有者から求められたときは，これを引き取らなければならない。ただし，犬猫等販売業者から引取りを求められた場合その他の第７条第４項の規定の趣旨に照らして引取りを求める相当の事由がないと認められる場合として環境省令で定める場合には，その引取りを拒否することができる。

2　前項本文の規定により都道府県等が犬又は猫を引き取る場合には，都道府県知事等（都道府県等の長をいう。以下同じ。）は，その犬又は猫を引き取るべき場所を指定することができる。
3　前二項の規定は，都道府県等が所有者の判明しない犬又は猫の引取りをその拾得者その他の者から求められた場合に準用する。この場合において，第１項ただし書中「犬猫等販売業者から引取りを求められた場合その他の第７条第４項の規定の趣旨に照らして」とあるのは，「周辺の生活環境が損なわれる事態が生ずるおそれがないと認められる場合その他の」と読み替えるものとする。
4　都道府県知事等は，第１項本文（前項において準用する場合を含む。次項，第７項及び第８項において同じ。）の規定により引取りを行った犬又は猫について，殺処分がなくなることを目指して，所有者がいると推測されるものについてはその所有者を発見し，当該所有者に返還するよう努めるとともに，所有者がいないと推測されるもの，所有者から引取りを求められたもの又は所有者の発見ができないものについてはその飼養を希望する者を募集し，当該希望する者に譲り渡すよう努めるものとする。
5　都道府県知事は，市町村（特別区を含む。）の長（指定都市，中核市及び第１項の政令で定める市の長を除く。）に対し，第１項本文の規定による犬又は猫の引取りに関し，必要な協力を求めることができる。
6　都道府県知事等は，動物の愛護を目的とする団体その他の者に犬及び猫の引取り又は譲渡しを委託することができる。
7　環境大臣は，関係行政機関の長と協議して，第１項本文の規定により引き取る場合の措置に関し必要な事項を定めることができる。
8　国は，都道府県等に対し，予算の範囲内において，政令で定めるところにより，第１項本文の引取りに関し，費用の一部を補助することができる。

〈１項〉

ここに出てくる７条４項の規定の趣旨とは，終生飼養のことです。可及的な殺処分ゼロの実現，里親を探す努力が求められることになります。

この規定があるがゆえに，過去には保健所などの自治体による犬猫の殺処分が大量に行われてきました。多くは，ガス室において二酸化炭素を注入して殺していたそうです。ガス室における大量の殺処分は，虐待などと強く非難されてきました。国内でもいわゆる「殺処分ゼロ」運動が起こり，現在では殺処分数は相当減少しました。

平成24（2012）年の改正で，ただし書が追加されました。ペットショップから，売れ残った犬猫の引き取りを求められても拒むことができるようになったのです。

同条４項では，「都道府県知事等は，第１項本文（略）の規定により引取りを行った犬又は猫について，殺処分がなくなることを目指して，所有者がいると推測されるものについてはその所有者を発見し，当該所有者に返還するよう努めるとともに，所有者がいないと推測されるもの，所有者から引取りを求められたもの又は所有者の発見ができないものについてはその飼養を希望する者を募集し，当該希望する者に譲り渡すよう努めるものとする。」と定めています。

やむを得ず引き取った場合でも，いわゆる里親を探す努力をして，殺処分がなくなることを目指すことになります。

犬猫の殺処分数について，平成16（2004）年度には約39万匹であったものが，平成30（2018）年度には約3.8万匹に減少したとする統計もあります（環境省ホームページ）。

かみ・吠え癖が直らない凶暴な犬，病気の末期である犬猫等のおよそ里親を見つけることが不可能な犬猫を除いた，譲渡可能な犬猫についての殺処分数は今後も減少することでしょう。

動物愛護管理法36条（負傷動物等の発見者の通報措置）

1　道路，公園，広場その他の公共の場所において，疾病にかかり，若しくは負傷した犬，猫等の動物又は犬，猫等の動物の死体を発見した者は，速やかに，その所有者が判明しているときは所有者に，その所有者が判明しないときは都道府県知事等に通報するように努めなければならない。

2　都道府県等は，前項の規定による通報があったときは，その動物又はその動物の死体を収容しなければならない。

3　前条第７項の規定は，前項の規定により動物を収容する場合に準用する。

動物愛護管理法37条（犬及び猫の繁殖制限）

1　犬又は猫の所有者は，これらの動物がみだりに繁殖してこれに適正な飼養を受ける機会を与えることが困難となるようなおそれがあると認める場合には，その繁殖を防止するため，生殖を不能にする手術その他の措置を講じなければならない。

2　都道府県等は，第35条第１項本文の規定による犬又は猫の引取り等に際して，前項に規定する措置が適切になされるよう，必要な指導及び助言を行うように努めなければならない。

条文上は，必ず去勢・避妊の手術をしなければならないことにはなりません。他の措置を講じる道を残しています。例えば，１頭のみを室内飼いする，２頭以上飼育する場合は雄と雌を分けて飼育することなどが考えられます。避妊・去勢手術に対しては，かわいそう，不自然などの理由からすべきではないと考える人もいます。半面，性格がおとなしくなり飼育しやすい，病気に罹り難くなるなどの有用性を認める人も多いと思います。

動物愛護管理法39条の２（マイクロチップの装着）

1　犬猫等販売業者は，犬又は猫を取得したときは，環境省令で定めるところにより，当該犬又は猫を取得した日（生後90日以内の犬又は猫を取得した場合にあっては，生後90日を経過した日）から30日を経過する日（その日までに当該犬又は猫の譲渡しをする場合にあっては，その譲渡しの日）までに，当該犬又は猫にマイクロチップ（犬又は猫の所有者に関する情報及び犬又は猫の個体の識別のための情報の適正な管理及び伝達に必要な機器であって識別番号（個々の機器を識別するために割り当てられる番号をいう。以下同じ。）が電磁的方法（電子的方法，磁気的方法その他の人の知覚によつて認識することができない方法をいう。）により記録されたもののうち，環境省令で定める基準に適合するものをいう。以下同じ。）を装着しなければならない。ただし，当該犬又は猫に既にマイクロチップが装着されているとき並びにマイクロチップを装着することにより当該犬又は猫の健康及び安全の保持上支障が生じるおそれがあるときその他の環境省令で定めるやむを得ない事由に該当するときは，この限りでない。

2　犬猫等販売業者以外の犬又は猫の所有者は，その所有する犬又は猫にマイクロチップを装着するよう努めなければならない。

令和元（2019）年の改正で新設された条文です。犬だけにマイクロチップの装着を義務付ける制度もありますが，我が国では犬と猫の双方を対象としています。もっとも，飼い主の全ての人に義務化したのではなく，とりあえず，犬猫等販売業者に対してだけ義務化しています。一般の飼い主に対しては，装着を努力義務とするにとどまっています（動物愛護管理法39条の2第2項）。

マイクロチップは，体内に埋め込むので，首輪のように外れてしまうことがなく，飼い主の特定，迷子時の救済，無責任な遺棄の防止になどに役立つとされています。国際規格に合ったものを装着することになります。マイクロチップには電源は不要で，リーダー器具により15桁の数字を読み取ることができます。その情報を，しかるべき機関に問い合わせることにより，飼い主の連絡先など登録されている情報を知ることができます。マイクロチップの装着義務については，令和4（2022）年6月1日から施行されます。

39条の7第2項では，狂犬病予防法との関係について触れ，マイクロチップと届出義務や鑑札との関係について規定しています。

動物愛護管理法40条（動物を殺す場合の方法）

1　動物を殺さなければならない場合には，できる限りその動物に苦痛を与えない方法によってしなければならない。

2　環境大臣は，関係行政機関の長と協議して，前項の方法に関し必要な事項を定めることができる。

3　前項の必要な事項を定めるに当たっては，第1項の方法についての国際的動向に十分配慮するよう努めなければならない。

この条文の動物には制限がありませんから，産業動物及び実験動物も含むと考えられます。食用の牛，豚，鶏をと殺する場合，動物実験の後処理の際にも，苦痛の軽減が求められることでしょう。

動物愛護管理法41条（動物を科学上の利用に供する場合の方法，事後措置等）

1　動物を教育，試験研究又は生物学的製剤の製造の用その他の科学上の利用に供する場合には，科学上の利用の目的を達することができる範囲において，できる限り動物を供する方法に代わり得るものを利用すること，できる限りその利用に供される動物の数を少なくすること等により動物を適切に利用することに配慮するものとする。

2　動物を科学上の利用に供する場合には，その利用に必要な限度において，できる限りその動物に苦痛を与えない方法によってしなければならない。

3　動物が科学上の利用に供された後において回復の見込みのない状態に陥っている場合には，その科学上の利用に供した者は，直ちに，できる限り苦痛を与えない方法によってその動物を処分しなければならない。

4　環境大臣は，関係行政機関の長と協議して，第２項の方法及び前項の措置に関しよるべき基準を定めることができる。

動物実験における，いわゆる３Ｒの原則を規定しています。３Ｒの原則とは，動物を使わない他の実験方法への代替（Replacement），使用実験動物数の削減（Reduction），実験動物への苦痛を減らすこと（Refinement）の３つの原則のことです。苦痛の軽減については，「国際的動向に十分配慮するよう努めなければならない。」と40条３項に規定されています。

動物愛護管理法41条の２（獣医師による通報）

獣医師は，その業務を行うに当たり，みだりに殺されたと思われる動物の死体又はみだりに傷つけられ，若しくは虐待を受けたと思われる動物を発見したときは，遅滞なく，都道府県知事その他の関係機関に通報しなければならない。

幼児虐待に関する通報義務に似た制度です。令和元（2019）年の改正で，努力義務からより責任の重い義務に引き上げられました。獣医療を通じて，動物虐待を未然に防止しようとして作られた規定です。動物虐待をしている飼い主でも，自らが虐待していることを認識していない場合には，動物病院へ治療に行くこともあるようです。獣医師から見て，通常のけがではない，飼い主の説明に不自然を感じる場合には，本条の適用があり得ることになります。

動物愛護管理法44条

1　愛護動物をみだりに殺し，又は傷つけた者は，５年以下の懲役又は500万円以下の罰金に処する。

2　愛護動物に対し，みだりに，その身体に外傷が生ずるおそれのある暴行を加え，又はそのおそれのある行為をさせること，みだりに，給餌若しくは給水をやめ，酷使し，その健康及び安全を保持することが困難な場所に拘束し，又は飼養密度が著しく適正を欠いた状態で愛護動物を飼養し若しくは保管することにより衰弱させること，自己の飼養し，又は保管する愛護動物であって疾病にかかり，又は負傷したものの適切な保護を行わないこと，排せつ物の堆積した施設又は他の愛護動物の死体が放置された施設であって自己の管理するものにおいて飼養し，又は保管することその他の虐待を行った者は，１年以下の懲役又は100万円以下の罰金に処する。

3　愛護動物を遺棄した者は，１年以下の懲役又は100万円以下の罰金に処する。

4　前三項において「愛護動物」とは，次の各号に掲げる動物をいう。

一　牛，馬，豚，めん羊，山羊，犬，猫，いえうさぎ，鶏，いえばと及びあひる

二　前号に掲げるものを除くほか，人が占有している動物で哺乳類，鳥類又は爬虫類に属するもの

〈１項〉

令和元（2019）年の改正で，懲役２年から2.5倍の５年に引き上げられました。器物損壊罪（刑法261条）よりも重い刑になっています。

〈２項〉

愛護動物の虐待に関する犯罪です。犯罪行為となる虐待行為について，分かりやすくするために具体例がたくさん掲げられています。

愛護動物虐待罪の刑罰も，令和元（2019）年の改正で引き上げられ，罰金刑のみならず，懲役刑（１年）が加わりました。

〈３項〉

愛護動物遺棄罪の刑罰も，令和元（2019）年の改正で引き上げられ，罰金刑のみならず，懲役刑（１年）が加わりました。条文上は，遺棄の具体例は明示されていません。もはや野生動物としては生きていけない犬猫を捨てる行為は，その動物に生命の危険を与えるものであり，遺棄罪に当たることになるでしょう。どのような行為が遺棄に当たるかについては，環境省が平成26（2014）年12月12日に解釈を示しています。「動物の愛護及び管理に関する法律第44条第３項に基づく愛護動物の遺棄の考え方について」と題して，「遺棄」とは，「愛護動物を移転又は置き去りにして場所的に離隔することにより，当該愛護動物の生命・身体を危険にさらす行為のことと考えられる。」としています。また，「個々の案件について愛護動物の「遺棄」に該当するか否かを判断する際には，離隔された場所の状況，動物の状態，目的等の諸要素を総合的に勘案する必要がある。」としています。

子猫を箱に入れて，深夜に動物病院の玄関先に置き去る行為も，明け方にカラスなどの他の動物に攻撃される可能性があり，生命・身体を危険にさらす行為といえるので遺棄に当たるでしょう。自宅に十分な餌と水を与えないまま１週間も帰らない行為も同様に遺棄に当たると考えられます。

〈４項〉

人と深い関わりのある11種類の動物は，野生であっても愛護動物に含まれます。哺乳類，鳥類又は爬虫類に属する動物は，人に飼育されていることが前提となります。この場合，他人のみならず自分が飼育している場合も含まれると考えられています。

この動物殺傷・遺棄を含む広い意味の虐待罪という刑罰の保護法益

は何でしょうか。野生動物も，自己が所有する動物も保護の対象となることからして，単に財産的法益とはいえないでしょう。現実に，器物損壊罪の３年以下の懲役又は30万円以下の罰金若しくは科料（刑法261条）よりも重い法定刑が規定されています。保護法益は，１条の目的にある，「動物の虐待及び遺棄の防止，動物の適正な取扱いその他動物の健康及び安全の保持等の動物の愛護に関する事項を定めて国民の間に動物を愛護する気風を招来し，生命尊重，友愛及び平和の情操の涵養に資する」という公序良俗の維持という社会的法益にあるととりあえずは考えられます。もっとも，公序良俗を保護法益とするわいせつ物頒布罪（２年以下の懲役，同法175条），賭博場開帳等図利罪（３月以上５年以下の懲役，同法186条２項），墳墓に対する罪（２年以下の懲役，同法189条）や死体損壊罪（３年以下の懲役，刑法190条）に比べて，かなり重い刑罰を科していることに着目する必要があるでしょう。単なる公序良俗の維持だけではなく，新たな法益として，動物の命に関わる法益という概念を捻出する必要があるのではないでしょうか。動物の命にかかわる法益を観念すれば，これほどまでの重罰を現行刑法との比較からして無理なく理由づけることができそうです。

(5)　動物殺傷罪（動物愛護管理法44条）に関する刑事裁判例

判決動物の愛護及び管理に関する法律違反被告事件（東京地裁平成29年12月12日判決（裁判所ウェブサイト））

被告人が，捕獲器で捕まえた猫に熱湯を繰り返し浴びせかけるなどして，愛護動物である猫９匹を殺害し，４匹に傷害を負わせた事案について，検察官は，当時の動物殺傷罪の最高刑が懲役２年であるところ，懲役１年10か月の求刑を行いました。

裁判所は，犯行態様は，捕獲器で捕まえた猫に熱湯を繰り返し浴びせかけるなどしており，残虐なものである上，１年余りの間に合計13匹の猫に虐待を加えた常習的犯行であり，虐待行為自体に楽しみを覚え，その様子を撮影した動画をインターネット上で公開することが目的化したというもので，本件各犯行を正当化する余地はなく，各犯行は動物愛護の精神に反する悪質なものであることから，懲役刑を科すべきとし，その一方で，前科がなく，税理士も廃業し，様々な制裁を受け，動物愛護団体にしょく罪のための寄附も行っているなどの事情等から，執行を猶予するのを相当として，懲役１年10か月，執行猶予４年としました。

3　狂犬病予防法

昭和25（1950）年に，狂犬病に関する規制として制定された法律です。

(1)　狂犬病予防法の条文

狂犬病予防法１条（目的）
この法律は，狂犬病の発生を予防し，そのまん延を防止し，及びこれを撲滅することにより，公衆衛生の向上及び公共の福祉の増進を図ることを目的とする。

狂犬病は人畜共通感染症で，発症すると脳の神経が損傷を受け狂ったようになり死に至る難病とされています。治療方法は確立されておらず，致死率は100パーセントといわれている恐ろしい病気です。島国である我が国では，イギリスやオーストラリアと同様に既に撲滅されているのですが，アジア等の大陸では撲滅されていません。我が国内での人の発症例は，昭和31（1956）年が最後とされています。既に60年以上，人の発症例がないのですが，東南アジアで犬にかみつかれ，帰国後発症して死亡した例は最近でも数件存在します。アジアに出張や旅行に行ったとき，リードにつながれていない犬と出会ったら注意が必要です。犬だけでなく猫・イタチ・アナグマなどその他の動物も狂犬病に罹ります。

狂犬病予防法４条（登録）
１　犬の所有者は，犬を取得した日（生後90日以内の犬を取得した場合にあっては，生後90日を経過した日）から30日以内に，厚生労働省令の定めるところにより，その犬の所在地を管轄する市町村長（特別区にあっては，区長。以下同じ。）に犬の登録を申請しなければならない。ただし，この条の規定により登録を受けた犬については，この限りでない。
2　市町村長は，前項の登録の申請があったときは，原簿に登録し，その犬の所有者に犬の鑑札を交付しなければならない。
3　犬の所有者は，前項の鑑札をその犬に着けておかなければならない。
4　第１項及び第２項の規定により登録を受けた犬の所有者は，犬が死亡したとき又は犬の所在地その他厚生労働省令で定める事項を変更したときは，30日以内に，厚生労働省令の定めるところにより，その犬の所在地（犬の所在地を変更したときにあっては，その犬の新所在地）を管轄する市町村長に届け出なければならない。
5　第１項及び第２項の規定により登録を受けた犬について所有者の変更があったときは，新所有者は，30日以内に，厚生労働省令の定めるところにより，その犬の所在地を管轄する市町村長に届け出なければならない。
6　前各項に定めるもののほか，犬の登録及び鑑札の交付に関して必要な事項は，政令で定める。

登録の申請をせず，鑑札を犬に着けず，又は届出をしなかった者は，20万円以下の罰金に処せられます（同法27条１項）。

狂犬病予防法５条（予防注射）
1　犬の所有者（所有者以外の者が管理する場合には，その者。以下同じ。）は，その犬について，厚生労働省令の定めるところにより，狂犬病の予防注射を毎年１回受けさせなければならない。
2　市町村長は，政令の定めるところにより，前項の予防注射を受けた犬の所有者に注射済票を交付しなければならない。
3　犬の所有者は，前項の注射済票をその犬に着けておかなければならない。

犬に予防注射を受けさせず，又は注射済票を着けなかった者は，20万円以下の罰金に処せられます（同法27条２項）。

もっとも，狂犬病ワクチンの注射によりショック死する事例もあるようです。このことを懸念して，接種をしない飼い主もいるようですが，ワクチン接種義務について法律上の例外は規定されていないので，法律上の義務違反になると考えられます。

ワクチン接種を行わないと，法律上の義務違反になり，罰則の対象となります。ところが，実際にはワクチン接種義務違反の犯罪で検挙される事例は極めてまれです。例えば，土佐犬が逃げ出して人にかみつきけがをさせた場合に，業務上（重）過失傷害罪に問われるときに，合わせて，狂犬病予防法違反が（併合罪）問われることがある（札幌地裁苫小牧支部平成26年７月31日判決（判例集未登載）参照）程度で，狂犬病予防法違反だけで検挙さる事例は少ないと思われます。もっとも，多数の犬を長年無登録・無ワクチン接種である事例であれば，検挙の可能性は高まるでしょう。

⑵　狂犬病予防法違反の事例でその犬を没収できるか

狂犬病予防法違反（３匹）の事例で起訴され，20万円の罰金刑に処された事案で，一審の地方裁判所は，予防接種を受けていない当該犬は，狂犬病予防法５条１項違反罪（同法27条２号）の犯罪組成物件に該当し没収（刑法19条１項１号）できると判決しました。

これに対し，弁護側が没収の対象となるのはおかしいと控訴した事案です。大阪高等裁判所平成19年９月25日判決（判例タイムズ1270号443頁）は，「没収についての規定である刑法19条１項１号のいわゆる犯罪組成物件とは，犯罪構成要件要素に属する物件をいうとされている」と前置きし，「本件は，犬の所有者がその犬に狂犬病の予防注射を受けさせる義務に違反するという不作為が犯罪とされる場合であるところ，狂犬病予防法５条１項の構成要件の解釈上，犬の所有者がその犬に狂犬病の予防注射を受けさせなかったことだけを犯罪とすると解しうる場合には，その犬は犯罪組成物件とならない」「犬の所有者がその犬に狂犬病の予防注射を受けさせないで犬を所持したことを犯罪」としているわけではないと理由づけて，没収を否定しました。犬の飼い主の義務違反状態は違法となりますが，予防接種を受けていない犬を所有して飼っていることは違法ではないことになります。

4　獣医師法

現在の獣医師法は，戦後の昭和24（1949）年に作られています。もっとも，明治の頃から獣医師に関する法令がありました。獣医療は，明治期から軍馬について，戦後は畜産業について発展してきたといえるでしょう。そして，昭和の時代の後半から犬猫に対する動物病院の開設が増えたと思います。

> **獣医師法１条（獣医師の任務）**
> 獣医師は，飼育動物に関する診療及び保健衛生の指導その他の獣医事をつかさどることによって，動物に関する保健衛生の向上及び畜産業の発展を図り，あわせて公衆衛生の向上に寄与するものとする。

動物自身の保健衛生という側面と，人間社会の衛生の向上という側面の両方を目的としているのでしょう。

> **獣医師法２条（名称禁止）**
> 獣医師でない者は，獣医師又は，これに紛らわしい名称を用いてはならない。

２条では，「獣医師」という名称の独占が規定されています。

> **獣医師法17条（飼育動物診療業務の制限）**
> 獣医師でなければ，飼育動物（牛，馬，めん羊，山羊，豚，犬，猫，鶏，うずらその他獣医師が診療を行う必要があるものとして政令で定めるものに限る。）の診療を業務としてはならない。

獣医師の業務独占の対象となる動物を限定しています。

その他獣医師が診療を行う必要があるものとして政令で定めるものとして，獣医師法施行令の２条があります。

獣医師法施行令２条（飼育動物の種類）
法第17条の政令で定める飼育動物は，次のとおりとする。
一　オウム科全種
二　カエデチョウ科全種
三　アトリ科全種

これらの動物以外であれば，獣医師ではない一般人が診療をすることも認められることになりそうです。また，飼い主が，業としてではなく，自ら飼育する動物に対して診療することは認められると考えられます。

獣医師法19条（診療及び診断書等の交付の義務）
1　診療を業務とする獣医師は，診療を求められたときは，正当な理由がなければ，これを拒んではならない。
2　診療し，出産に立ち会い，又は検案をした獣医師は，診断書，出生証明書，死産証明書又は検案書の交付を求められたときは，正当な理由がなければ，これを拒んではならない。

〈１項〉
いわゆる応招義務についての規定です。獣医師が不在である，病気で寝込んでいる，ほかの手術中である等は診療を拒否する正当な事由に当たるとされています。しかし，疲れている，飼い主が過去に診療代を不払した等の事由は正当な事由に当たらないとされてきました。医師についても，同様の応招義務があります（医師法19条）が，令和元(2019）年12月25日に出された厚生労働省の通達では，応招義務の範囲が昭和24（1949）年に出された基準に比べて変更されています。獣医師の応招義務においても，専門外，診療時間外，飼い主との信頼関係が形成されていない場合，故意に診療費を支払わない場合なども正当事由に含まれることになるのではないでしょうか。また，同通達では，応招義務は，国に対する公法上の義務であって，患者に対する私法上の義務ではないとしています（「応招義務をはじめとした診察治療の求めに対する適切な対応の在り方等について」)。

応招義務違反については，罰則はありません。もっとも，免許の取消し又は業務の停止の事由に該当します（同法８条２項）。

〈２項〉

診断書等の交付義を定めています。この義務違反については，罰則（20万円以下）があります（同法29条３号）。

獣医師法20条（保健衛生の指導）

獣医師は，飼育動物の診療をしたときは，その飼育者に対し，飼育に係る衛生管理の方法その他飼育動物に関する保健衛生の向上に必要な事項の指導をしなければならない。

飼い主に対する指導をする義務を定めています。説明のない指導はないでしょうから，指導に必要な範囲での説明義務が含まれるものと考えられそうです。

獣医師法21条（診療簿及び検案簿）

1　獣医師は，診療をした場合には，診療に関する事項を診療簿に，検案をした場合には，検案に関する事項を検案簿に，遅滞なく記載しなければならない。

2　獣医師は，前項の診療簿及び検案簿を３年以上で農林水産省令で定める期間保存しなければならない。

3　農林水産大臣又は都道府県知事は，必要と認めるときは，その職員に，獣医師について，診療簿及び検案簿（これらの作成又は保存に代えて電磁的記録（電子的方式，磁気的方式その他人の知覚によっては認識することができない方式で作られる記録であって，電子計算機による情報処理の用に供されるものをいう。）の作成又は保存がされている場合における当該電磁的記録を含む。）を検査させることができる。

4　都道府県知事は，農林水産省令で定めるところにより，前項の規定により得た検査の結果を農林水産大臣に報告しなければならない。

5　第三項の規定により検査する場合には，当該職員は，その身分を示す証明書を携帯し，関係人の請求があったときは，これを提示しなければならない。

カルテの記載義務を定めています。診療簿（カルテ）の具体的な記載事項については，獣医師法施行規則11条で以下の６項目を定めています。

> **獣医師法施行規則11条（診療簿及び検案簿）**
> 法第21条第１項の診療簿には，少なくとも次の事項を記載しなければならない。
> 一　診療の年月日
> 二　診療した動物の種類，性，年令（不明のときは推定年令），名号，頭羽数及び特徴
> 三　診療した動物の所有者又は管理者の氏名又は名称及び住所
> 四　病名及び主要症状
> 五　りん告
> 六　治療方法（処方及び処置）

りん告は，飼い主の申告や訴えを意味するものと考えられます。

確かに６項目の記載が必要となりますが，どの程度具体的に書くかについては詳しい規定はありません。

診療簿の保存義務期間は，犬猫等の動物については３年です（獣医師法施行規則11条の２）。牛，水牛，しか，めん羊及び山羊については８年と定められています（同法施行規則11条の２）。

診療簿若しくは検案簿に虚偽の記載をし又は保存しなかった者は，20万円以下の罰金に処せられます（獣医師法29条４号・５号）。

５　獣医療法

獣医療法は，飼育動物の診療施設などに関する法律です。

> **獣医療法１条（目的）**
> この法律は，飼育動物の診療施設の開設及び管理に関し必要な事項並びに獣医療を提供する体制の整備のために必要な事項を定めること等により，適切な獣医療の確保を図ることを目的とする。

動物病院が増え始めた，平成４（1992）年に成立した法律です。適切な獣医療の確保を目的としています。

獣医療法２条（定義）

1　この法律において「飼育動物」とは，獣医師法（昭和24年法律第186号）第１条の２に規定する飼育動物をいう。

2　この法律において「診療施設」とは，獣医師が飼育動物の診療の業務を行う施設をいう。

いわゆる動物病院は，この法律の診療施設に該当します。

獣医療法３条（診療施設の開設の届出）

診療施設を開設した者（以下「開設者」という。）は，その開設の日から10日以内に，当該診療施設の所在地を管轄する都道府県知事に農林水産省令で定める事項を届け出なければならない。当該診療施設を休止し，若しくは廃止し，又は届け出た事項を変更したときも，同様とする。

開業後の事後の届出でかまいません。獣医療法施行規則１条では，16項目の届出事項を定めています。

獣医療法施行規則１条（診療施設の開設の届出）

1　獣医療法（以下「法」という。）第３条前段の農林水産省令で定める事項は，次のとおりとする。

一　開設者の氏名及び住所（開設者が法人である場合にあっては，当該法人の名称及び主たる事務所の所在地）並びに開設者が獣医師である場合にあってはその旨

二　診療施設（法第二条第二項に規定する診療施設をいう。以下同じ。）の名称

三　開設の場所

四　開設の年月日

五　診療施設の構造設備の概要（次号から第11号までに掲げるものを除く。）及び平面図

六　診療の用に供するエックス線の発生装置（定格管電圧（波高値とする。以下同じ。）が10キロボルト以上であり，かつ，その有する

エネルギーが１メガ電子ボルト未満のものに限る。以下「エックス線装置」という。）を備えた診療施設にあっては，次に掲げる事項
イ　エックス線装置の製作者名，型式及び台数
ロ　エックス線高電圧発生装置の定格出力
ハ　エックス線装置及びエックス線診療室の放射線障害の防止に関する構造設備及び予防措置の概要
ニ　エックス線診療に従事する獣医師の氏名及びエックス線診療に関する経歴

七　診療の用に供する１メガ電子ボルト以上のエネルギーを有する電子線又はエックス線の発生装置（以下「診療用高エネルギー放射線発生装置」という。）を備えた診療施設にあっては，次に掲げる事項
イ　診療用高エネルギー放射線発生装置の製作者名，型式及び台数
ロ　診療用高エネルギー放射線発生装置の定格出力
ハ　診療用高エネルギー放射線発生装置及び診療用高エネルギー放射線発生装置使用室の放射線障害の防止に関する構造設備及び予防措置の概要
ニ　診療用高エネルギー放射線発生装置を使用する獣医師の氏名及び放射線診療に関する経歴
ホ　放射性同位元素等の規制に関する法律（昭和32年法律第167号）第９条第２項第１号の許可の年月日及び許可の番号並びに同法第34条第１項の規定により選任された放射線取扱主任者の氏名

八　放射線を放出する同位元素若しくはその化合物又はこれらの含有物であって放射線を放出する同位元素の数量及び濃度が別表第一に定める数量（以下「下限数量」という。）及び濃度を超えるもの（以下「放射性同位元素」という。）で密封されたものを装備している診療の用に供する照射機器で，その装備する放射性同位元素の数量が下限数量に千を乗じて得た数量を超えるもの（第10号の機器を除く。以下「診療用放射線照射装置」という。）を備えた診療施設にあっては，次に掲げる事項
イ　診療用放射線照射装置の製作者名，型式及び個数並びに装備する放射性同位元素の種類及びベクレル単位をもって表した数量
ロ　診療用放射線照射装置，診療用放射線照射装置使用室，貯蔵施設及び運搬容器並びに診療用放射線照射装置により治療を受けている飼育動物（法第２条第１項に規定する飼育動物をいう。以下

同じ。）を収容する施設の放射線障害の防止に関する構造設備及び予防措置の概要

ハ　診療用放射線照射装置を使用する獣医師の氏名及び放射線診療に関する経歴

ニ　放射性同位元素等の規制に関する法律第９条第２項第１号の許可の年月日及び許可の番号並びに同法第34条第１項の規定により選任された放射線取扱主任者の氏名

九　密封された放射性同位元素を装備している診療の用に供する照射機器でその装備する放射性同位元素の数量が下限数量に千を乗じて得た数量以下のもの（第10号の機器を除く。以下「診療用放射線照射器具」という。）を備えた診療施設にあっては，次に掲げる事項

イ　診療用放射線照射器具の型式及び個数並びに装備する放射性同位元素の種類及びベクレル単位をもって表した数量

ロ　診療用放射線照射器具使用室，貯蔵施設及び運搬容器並びに診療用放射線照射器具により治療を受けている飼育動物を収容する施設の放射線障害の防止に関する構造設備及び予防措置の概要

ハ　診療用放射線照射器具を使用する獣医師の氏名及び放射線診療に関する経歴

ニ　放射性同位元素等の規制に関する法律第34条第１項の規定により選任された放射線取扱主任者の氏名

ホ　診療用放射線照射器具であって，その装備する放射性同位元素の物理的半減期が30日以下であるものを備えた診療施設にあっては，ロからニまでに掲げる事項のほか，その年に使用を予定する診療用放射線照射器具の型式及び個数並びに装備する放射性同位元素の種類及びベクレル単位をもって表した数量並びにベクレル単位をもって表した放射性同位元素の種類ごとの最大貯蔵予定数量及び１日の最大使用予定数量

十　密封された放射性同位元素を装備している診療の用に供する機器のうち，農林水産大臣が定めるもの（以下「放射性同位元素装備診療機器」という。）を備えた診療施設にあっては，次に掲げる事項

イ　放射性同位元素装備診療機器の製作者名，型式及び台数並びに装備する放射性同位元素の種類及びベクレル単位をもって表した数量

ロ　放射性同位元素装備診療機器使用室の放射線障害の防止に関する構造設備及び予防措置の概要

ハ　放射線を飼育動物に対して照射する放射性同位元素装備診療機器にあっては，当該機器を使用する獣医師の氏名及び放射線診療に関する経歴

ニ　放射性同位元素等の規制に関する法律第９条第２項第１号の許可の年月日及び許可の番号（同法第３条の放射性同位元素を使用する場合に限る。）

ホ　放射性同位元素等の規制に関する法律第34条第１項の規定により選任された放射線取扱主任者の氏名（同法第12条の５第２項に規定する表示付認証機器及び同条第３項に規定する表示付特定認証機器のみを使用する場合を除く。）

十一　医薬品（医薬品，医療機器等の品質，有効性及び安全性の確保等に関する法律（昭和35年法律第145号。以下「医薬品医療機器等法」という。）第２条第１項に規定する医薬品をいう。以下同じ。）である放射性同位元素で密封されていないもの（放射性同位元素であって，陽電子放射断層撮影装置による画像診断（以下「陽電子断層撮影診療」という。）に用いるものを除く。以下「診療用放射性同位元素」という。）又は放射性同位元素であって，陽電子断層撮影診療に用いるもの（同条第17項に規定する治験の対象とされる薬物であるものを除く。以下「陽電子断層撮影診療用放射性同位元素」という。）を備えた診療施設にあっては，次に掲げる事項

イ　その年に使用を予定する診療用放射性同位元素又は陽電子断層撮影診療用放射性同位元素の種類，形状及びベクレル単位をもって表した数量

ロ　ベクレル単位をもって表した診療用放射性同位元素又は陽電子断層撮影診療用放射性同位元素の種類ごとの最大貯蔵予定数量，１日の最大使用予定数量及び３月間の最大使用予定数量

ハ　診療用放射性同位元素使用室，陽電子断層撮影診療用放射性同位元素使用室，貯蔵施設，運搬容器及び廃棄施設並びに診療用放射性同位元素又は陽電子断層撮影診療用放射性同位元素により治療を受けている飼育動物を収容する施設の放射線障害の防止に関する構造設備及び予防措置の概要

ニ　診療用放射性同位元素又は陽電子断層撮影診療用放射性同位元素を使用する獣医師の氏名及び放射線診療に関する経歴

ホ　第７条第１項の規定により選任された放射線管理責任者の氏名及び放射性同位元素の取扱いに関する経歴

十二　管理者（法第５条第２項に規定する管理者をいう。以下同じ。）の氏名及び住所（開設者が獣医師であって診療施設を管理しているときはその旨）
十三　診療の業務を行う獣医師の氏名
十四　診療の業務の種類
十五　開設者が法人である場合にあっては，定款
十六　その他都道府県知事が必要と認める事項
２　法第３条後段の規定により届け出なければならない事項は，診療施設の休止の場合にあっては休止期間及び休止の理由，診療施設の廃止の場合にあっては廃止の期日及び廃止の理由，届け出た事項の変更の場合にあっては変更に係る事項（前項第11号に規定する診療用放射性同位元素又は陽電子断層撮影診療用放射性同位元素を備えなくなった場合にあってはその旨及び第19条の２各号に掲げる措置の概要を含む。）とする。

獣医療法施行規則１条１項１号では，「開設者の氏名及び住所（開設者が法人である場合にあっては，当該法人の名称及び主たる事務所の所在地）並びに開設者が獣医師である場合にあってはその旨」と定めています。

獣医師が，個人として登録しているか，法人として登録しているか，都道府県に問い合わせれば分かることになります。動物病院との契約の当事者について，院長獣医師個人なのか，それとも別の法人なのか，確認することができるでしょう。

獣医療法４条（診療施設の構造設備の基準）
診療施設の構造設備は，農林水産省令で定める基準に適合したものでなければならない。

獣医療法施行規則２条では，「飼育動物の逸走を防止するために必要な設備を設けること。」（１号）等６項目の基準を定めています。

獣医療法施行規則２条（診療施設の構造設備の基準）
法第４条の農林水産省令で定める診療施設の構造設備の基準は，次のとおりとする。

一　飼育動物の逸走を防止するために必要な設備を設けること。
二　伝染性疾病にかかっている疑いのある飼育動物を収容する設備には，他の飼育動物への感染を防止するために必要な設備を設けること。
三　消毒設備を設けること。
四　調剤を行う施設にあっては，次のとおりとすること。
　イ　採光，照明及び換気を十分にし，かつ，清潔を保つこと。
　ロ　冷暗貯蔵のための設備を設けること。
　ハ　調剤に必要な器具を備えること。
五　手術を行う施設は，その内壁及び床が耐水性のもので覆われたものであることその他の清潔を保つことができる構造であること。
六　放射線に関する構造設備の基準は，第６条から第６条の11までに定めるところによること。

動物病院は，動物が逃げ出さない構造になっていること，感染症予防の施設，手術を行う場合の構造等について規定されています。

獣医療法５条（診療施設の管理）
１　開設者は，自ら獣医師であってその診療施設を管理する場合のほか，獣医師にその診療施設を管理させなければならない。
２　前項の規定により診療施設を管理する者（以下「管理者」という。）が，その構造設備，医薬品その他の物品の管理及び飼育動物の収容につき遵守すべき事項については，農林水産省令で定める。

動物病院では，必ず獣医師が関与することになります。

獣医療法７条（往診診療者等への適用等）
１　往診のみによって飼育動物の診療の業務を自ら行う獣医師及び往診のみによって獣医師に飼育動物の診療の業務を行わせる者（以下「往診診療者等」という。）については，その住所を診療施設とみなして，第３条の規定を適用する。
２　第５条の規定は，農林水産省令で定める診療用機器その他の物品（以下「診療用機器等」という。）を所有し，又は借り受けてこれを使用する往診診療者等について準用する。この場合において，同条中

「診療施設」とあり，及び「構造設備，医薬品その他の物品の管理及び飼育動物の収容」とあるのは，「診療用機器等」と読み替えるものとする。

3　都道府県知事は，診療用機器等に関し前項において読み替えて準用する第５条第２項に規定する事項が遵守されていないと認めるときは，その診療用機器等を所有し，又は借り受けてこれを使用する往診診療者等に対し，期限を定めて，必要な措置を講ずべきことを命ずることができる。

獣医療法は，いわゆる動物病院を構えていない，往診だけを行う獣医師に対しても規制が及ぶことになります。

獣医療法17条（広告の制限）

1　何人も，獣医師（獣医師以外の往診診療者等を含む。第２号を除き，以下この条において同じ。）又は診療施設の業務に関しては，次に掲げる事項を除き，その技能，療法又は経歴に関する事項を広告してはならない。

一　獣医師又は診療施設の専門科名

二　獣医師の学位又は称号

2　前項の規定にかかわらず，獣医師又は診療施設の業務に関する技能，療法又は経歴に関する事項のうち，広告しても差し支えないものとして農林水産省令で定めるものは，広告することができる。この場合において，農林水産省令で定めるところにより，その広告の方法その他の事項について必要な制限をすることができる。

3　農林水産大臣は，前項の農林水産省令を制定し，又は改廃しようとするときは，獣医事審議会の意見を聴かなければならない。

〈１項〉

法律上広告してよいのはこの２項目と17条２項の例外だけという厳しい制限です。

〈２項前段〉

獣医療法施行規則24条１項では，広告制限の特例として，次の事項は広告できるとしています。

獣医療法施行規則24条（広告制限の特例）

1　法第17条第２項前段の農林水産省令で定める事項は，次のとおりとする。

一　獣医師法（昭和24年法律第186号）第６条の獣医師名簿への登録年月日をもって同法第３条の規定による免許を受けていること及び第１条第１項第４号の開設の年月日をもって診療施設を開設していること。

二　医薬品医療機器等法第２条第４項に規定する医療機器を所有していること。

三　家畜改良増殖法（昭和25年法律第209号）第３条の３第２項第４号に規定する家畜体内受精卵の採取を行うこと。

四　犬又は猫の生殖を不能にする手術を行うこと。

五　狂犬病その他の動物の疾病の予防注射を行うこと。

六　医薬品であって，動物のために使用されることが目的とされているものによる犬糸状虫症の予防措置を行うこと。

七　飼育動物の健康診断を行うこと。

八　家畜伝染病予防法（昭和26年法律第166号）第53条第３項に規定する家畜防疫員であること。

九　家畜伝染病予防法第２条の３第４項に規定する家畜の伝染性疾病の発生の予防のための自主的措置を実施することを目的として設立された一般社団法人又は一般財団法人から当該措置に係る診療を行うことにつき委託を受けていること。

十　獣医療に関する技術の向上及び獣医事に関する学術研究に寄与することを目的として設立された一般社団法人又は一般財団法人の会員であること。

十一　獣医師法第16条の２第１項に規定する農林水産大臣の指定する診療施設であること。

十二　農業保険法（昭和22年法律第185号）第11条第１項に規定する組合等（以下「組合等」という。）若しくは同条第２項に規定する都道府県連合会から同法第128条第１項（同法第172条において準用する場合を含む。）の施設として診療を行うことにつき委託を受けていること又は同法第10条第１項に規定する組合員等の委託を受けて共済金の支払を受けることができる旨の契約を組合等と締結していること。

これらの項目は，広告することが許されます。

〈２項後段〉

獣医療法施行規則24条２項では，広告制限の特例として，次の事項は広告できないとしています。

> ２　法第17条第２項後段の農林水産省令で定める制限は，次のとおりとする。
> 一　前項第２号及び第４号から第７号までに掲げる事項を広告する場合にあっては，提供される獣医療の内容が他の獣医師又は診療施設と比較して優良である旨を広告してはならないこと。
> 二　前項第２号及び第４号から第７号までに掲げる事項を広告する場合にあっては，提供される獣医療の内容に関して誇大な広告を行ってはならないこと。
> 三　前項第４号から第７号までに掲げる事項を広告する場合にあっては，提供される獣医療に要する費用を併記してはならないこと。

飼い主を混乱させるような，比較や誇大な広告を制限しています。さらに，費用についても広告をしてはならないとされています。不当に低廉な価格を設定して価格破壊を生じることを防ぐ必要があるのでしょう。

ここでの広告は，不特定多数の飼い主に知らせるものであり，駅の看板，新聞などの広告，チラシの配布などを意味することになります。いわゆる不特定多数の人を勧誘していることが前提となります。インターネット上のホームページは，広告には当たらないとされています。飼い主が，わざわざ見にいくことが前提であり，不特定多数人を勧誘しているとはいえないと考えられているのです。それゆえ，動物病院のホームページでは，料金の広告も許されることになるでしょう。もっとも，同じインターネットでも，いわゆるバナー広告はまさに広告に当たるので規制の対象になります。動物病院内に料金等を掲載することは許されます。動物病院に来た飼い主に，料金等を知らせることは，広告に当たらないのです。

第2　ペットに係る行政・自治体による規範

ここでは，法律以外の行政・自治体による規定を概観してみます。

1　家庭動物等の飼養及び保管に関する基準（平成25年環境省告示第82号）

動物愛護管理法を受けて，環境省は家庭でペットを飼育することを前提に基準を設けています。

第１　一般原則

１　家庭動物等の所有者又は占有者（以下「所有者等」という。）は，命あるものである家庭動物等の適正な飼養及び保管に責任を負う者として，動物の生態，習性及び生理を理解し，愛情をもって家庭動物等を取り扱うとともに，その所有者は，家庭動物等をその命を終えるまで適切に飼養（以下「終生飼養」という。）するように努めること。

２　所有者等は，人と動物との共生に配慮しつつ，人の生命，身体又は財産を侵害し，及び生活環境を害することがないよう責任をもって飼養及び保管に努めること。

３　家庭動物等を飼養しようとする者は，飼養に先立って，当該家庭動物等の生態，習性及び生理に関する知識の習得に努めるとともに，将来にわたる飼養の可能性について，住宅環境及び家族構成の変化も考慮に入れ，慎重に判断するなど，終生飼養の責務を果たす上で支障が生じないよう努めること。

４　特に，家畜化されていない野生動物等については，一般にその飼養及び保管のためには当該野生動物等の生態，習性及び生理に即した特別の飼養及び保管のための諸条件を整備し，及び維持する必要があること，譲渡しが難しく飼養の中止が容易でないこと，人に危害を加えるおそれのある種が含まれていること等を，その飼養に先立ち慎重に検討すること。さらに，これらの動物は，ひとたび逸走等により自然生態系に移入した場合には，生物多様性の保全上の問題が生じるおそれが大きいことから，飼養者の責任は重大であり，この点を十分自覚すること。

終生飼養を前提として，動物への福祉・愛護と管理についてより具体的に基準を定めています。もっとも，努力目標が主であり，罰則の規定はありません。

その他にも，共通基準，生活環境の保全，適正な飼養数，繁殖制限，動物の輸送，人と動物の共通感染症に係る知識の習得等，逸走防止等，危害防止，緊急時対策，学校，福祉施設等における飼養及び保管等多方面にわたる基準を定めていますが，その中で犬の飼い主，猫の飼い主に対するより具体的な基準を定めています。

第４　犬の飼養及び保管に関する基準

1　犬の所有者等は，さく等で囲まれた自己の所有地，屋内その他の人の生命，身体及び財産に危害を加え，並びに人に迷惑を及ぼすことのない場所において飼養及び保管する場合を除き，犬の放し飼いを行わないこと。ただし，次の場合であって，適正なしつけ及び訓練がなされており，人の生命，身体及び財産に危害を加え，人に迷惑を及ぼし，自然環境保全上の問題を生じさせるおそれがない場合は，この限りではない。

(1)　警察犬，狩猟犬等を，その目的のために使役する場合

(2)　人，家畜，農作物等に対する野生鳥獣による被害を防ぐための追い払いに使役する場合

2　犬の所有者等は，犬をけい留する場合には，けい留されている犬の行動範囲が道路又は通路に接しないように留意するとともに，犬の健康の保持に必要な運動量を確保するよう努めること。また，みだりに健康及び安全を保持することが困難な場所に拘束することにより衰弱させることは虐待となるおそれがあることを十分認識すること。

3　犬の所有者等は，頻繁な鳴き声等の騒音又はふん尿の放置等により周辺地域の住民の日常生活に著しい支障を及ぼすことのないように努めること。

4　犬の所有者等は，適当な時期に，飼養目的等に応じ，人の生命，身体及び財産に危害を加え，並びに人に迷惑を及ぼすことのないよう，適正な方法でしつけを行うとともに，特に所有者等の制止に従うよう訓練に努めること。

５　犬の所有者等は，犬を道路等屋外で運動させる場合には，次の事項を遵守するよう努めること。
⑴　犬を制御できる者が原則として引き運動により行うこと。
⑵　犬の突発的な行動に対応できるよう引綱の点検及び調節等に配慮すること。
⑶　運動場所，時間帯等に十分配慮すること。
⑷　特に，大きさ及び闘争本能にかんがみ人に危害を加えるおそれが高い犬（以下「危険犬」という。）を運動させる場合には，人の多い場所及び時間帯を避けるよう努めること。
６　危険犬の所有者等は，当該犬の行動を抑制できなくなった場合に重大な事故を起こさないよう，道路等屋外で運動させる場合には，必要に応じて口輪の装着等の措置を講ずること。また，事故を起こした場合には，民事責任や刑事責任を問われるおそれがあることを認識すること。
７　犬の所有者は，やむを得ず犬を継続して飼養することができなくなった場合には，適正に飼養することのできる者に当該犬を譲渡するように努めること。なお，都道府県等（法第35条第１項に規定する都道府県等をいう。以下同じ。）に引取りを求めても，終生飼養の趣旨に照らして引取りを求める相当の事由がないと認められる場合には，これが拒否される可能性があることについて十分認識すること。
８　犬の所有者は，子犬の譲渡に当たっては，特別の場合を除き，離乳前に譲渡しないように努めるとともに，法第22条の５の規定の趣旨を考慮し，適切な時期に譲渡するよう努めること。また，譲渡を受ける者に対し，社会化に関する情報を提供するよう努めること。

犬の飼い主に対する責任を追及する場合，不当性・違法性の根拠を示す材料となるでしょう。

第５　猫の飼養及び保管に関する基準
１　猫の所有者等は，周辺環境に応じた適切な飼養及び保管を行うことにより人に迷惑を及ぼすことのないよう努めること。
２　猫の所有者等は，疾病の感染防止，不慮の事故防止等猫の健康及び安全の保持並びに周辺環境の保全の観点から，当該猫の屋内飼養に努めること。屋内飼養以外の方法により飼養する場合にあっては，屋外での疾病の感染防止，不慮の事故防止等猫の健康及び安全の保持を図るとともに，頻繁な鳴き声等の騒音又はふん尿の放置等により周辺地域の住民の日常生活に著しい支障を及ぼすことのないように努めること。

3　猫の所有者は，繁殖制限に係る共通基準によるほか，屋内飼養によらない場合にあっては，原則として，去勢手術，不妊手術等繁殖制限の措置を講じること。

4　猫の所有者は，やむを得ず猫を継続して飼養することができなくなった場合には，適正に飼養することのできる者に当該猫を譲渡するように努めること。なお，都道府県等に引取りを求めても，終生飼養の趣旨に照らして引取りを求める相当の事由がないと認められる場合には，これが拒否される可能性があることについて十分認識すること。

5　猫の所有者は，子猫の譲渡に当たっては，特別の場合を除き，離乳前に譲渡しないよう努めるとともに，法第22条の５の規定の趣旨を考慮し，適切な時期に譲渡するよう努めること。また，譲渡を受ける者に対し，社会化に関する情報を提供するよう努めること。

6　飼い主のいない猫を管理する場合には，不妊去勢手術を施して，周辺地域の住民の十分な理解の下に，給餌及び給水，排せつ物の適正な処理等を行う地域猫対策など，周辺の生活環境及び引取り数の削減に配慮した管理を実施するよう努めること。

猫の飼育については，室内飼いが推奨されています。屋外飼い，多頭飼育，いわゆる地域猫の管理で他人に迷惑をかけないような基準が設定されています。

もっとも，これらの基準に違反しても，罰則規定はありません。

2　東京都動物の愛護及び管理に関する条例（令和元年12月25日東京都条例第90号）

動物保護管理法が制定された昭和48（1973）年から６年後に，東京都は動物の保護（愛護）及び管理に関する条例を制定しました。いわゆる東京都ペット条例（以下「東京都ペット条例」といいます。）です。この条例の第８章には，最高１年以下の懲役又は30万円以下の罰金とする罰則規定も存在します。

東京都ペット条例１条（目的）

この条例は，動物の愛護及び管理に関し必要な事項を定めることにより，都民の動物愛護の精神の高揚を図るとともに，動物による人の生命，身体及び財産に対する侵害を防止し，もって人と動物との調和のとれた共生社会の実現に資することを目的とする。

人と動物との調和のとれた共生社会の実現が目的とされています。

東京都ペット条例５条（飼い主の責務）

1　飼い主（動物の所有者以外の者が飼養し，又は保管する場合は，その者を含む。以下同じ。）は，動物の本能，習性等を理解するとともに，命あるものである動物の飼い主としての責任を十分に自覚して，動物の適正な飼養又は保管をするよう努めなければならない。
2　飼い主は，周辺環境に配慮し，近隣住民の理解を得られるよう心がけ，もって人と動物とが共生できる環境づくりに努めなければならない。
3　動物の所有者は，動物がみだりに繁殖してこれに適正な飼養を受ける機会を与えることが困難となるようなおそれがあると認める場合には，その繁殖を防止するため，生殖を不能にする手術その他の措置をするよう努めなければならない。
4　動物の所有者は，動物をその終生にわたり飼養するよう努めなければならない。
5　動物の所有者は，動物をその終生にわたり飼養することが困難となった場合には，新たな飼い主を見つけるよう努めなければならない。

各自治体において，独自の条例を定めていますから，地元の条例を調べることは有用であると思います。飼い主の責任を追及する根拠になるでしょう。

東京都ペット条例８条（猫の所有者の遵守事項）

猫の所有者は，法第37条第１項及び第５条第３項に掲げるもののほか，猫を屋外で行動できるような方法で飼養する場合には，みだりに繁殖することを防止するため，必要な措置を講ずるよう努めなければならない。

完全室内飼いではなく，屋外にも出す飼い方をする場合には，他の猫との間で繁殖して増え過ぎてしまうことを防止することが必要です。去勢・避妊の手術をするなどの予防策が必要となります。

東京都ペット条例９条（犬の飼い主の遵守事項）

犬の飼い主は，次に掲げる事項を遵守しなければならない。

一　犬を逸走させないため，犬をさく，おりその他囲いの中で，又は人の生命若しくは身体に危害を加えるおそれのない場所において固定した物に綱若しくは鎖で確実につないで，飼養又は保管をすること。ただし，次のイからニまでのいずれかに該当する場合は，この限りでない。

イ　警察犬，盲導犬等をその目的のために使用する場合

ロ　犬を制御できる者が，人の生命，身体及び財産に対する侵害のおそれのない場所並びに方法で犬を訓練する場合

ハ　犬を制御できる者が，犬を綱，鎖等で確実に保持して，移動させ，又は運動させる場合

ニ　その他逸走又は人の生命，身体及び財産に対する侵害のおそれのない場合で，東京都規則（以下「規則」という。）で定めるとき。

二　犬をその種類，健康状態等に応じて，適正に運動させること。

三　犬に適切なしつけを施すこと。

四　犬の飼養又は保管をしている旨の標識を，施設等のある土地又は建物の出入口付近の外部から見やすい箇所に掲示しておくこと。

東京都では，犬に関しては，原則として「さく，おりその他囲いの中で」「固定した物に綱若しくは鎖で確実につないで，飼養又は保管」しなければいけないことになります。犬を散歩させることは例外として許されます。その場合の条件は「犬を制御できる者が，犬を綱，鎖等で確実に保持して，移動させ，又は運動させる」ことになります。それなりの体力のある人が，いわゆるリードを付けて散歩させることになります。この条例の下では，河川敷や公園でノーリードにすることは違法となる

ことになります。「制御できる」ことが条件となりますので，大型犬や闘犬等が，急に走り出しても，その行動をコントロールできる体力を持ち合わせていることが前提となります。犬を制御できず，犬が他の人や犬に噛みついたり，体当たりした事案では，飼い主の過失が認められることになるでしょう。

９条１号の規定に違反して，犬を飼養し，又は保管した者については，拘留又は科料に処せられることになります（同条例40条）。

犬を公園などでノーリードで遊ばせることについては，賛否があります。犬の本来の自由な生活様式からすれば，ノーリードが望ましい，広い河川敷や公園ではノーリードにしても危険性はない等の意見もあります。しかし，少なくとも，東京都内においてはこの東京都ペット条例という法令が適用されますので，人の少ない公園であろうともノーリードは条例違反であり，罰則の対象となる違法行為となります。

東京都ペット条例29条（事故発生時の措置）

1　飼い主は，その飼養し，又は保管する動物が人の生命又は身体に危害を加えたときは，適切な応急処置及び新たな事故の発生を防止する措置をとるとともに，その事故及びその後の措置について，事故発生の時から24時間以内に，知事に届け出なければならない。

2　犬の飼い主は，その犬が人をかんだときは，事故発生の時から四十八時間以内に，その犬の狂犬病の疑いの有無について獣医師に検診させなければならない。

このような知事への届出義務を定めた条例は多くの都道府県にあります。

犬による人に対する咬傷事件が発生した場合には，これらの届出義務がなされているか，獣医師の検診があるかの確認も重要です。

東京都ペット条例40条では，29条１項の規定による届出をせず，又は虚偽の届出をした者に対して，拘留又は科料の罰則を規定しています。

東京都ペット条例39条では，29条２項の規定に違反して，犬を獣医師に検診させなかった者に対しては，５万円以下の罰金の罰則を定めています。

同様の規定があるか否か，各地方の条例を確認する必要があるでしょう。

3　その他の条例

各地方自治体には，地方ごとに独自性のある条例を定めたものがあります。犬の糞の放置について罰則を定めるもの，猫に対する不適切な餌やりを禁止するもの等，様々な条例があります。ペット関連の事件では，その地方独特の条例があるか否か調べてみることが有用です。

第３　その他の法規範

動物に関連する法律は，ほかにもたくさんあります。しかし，そのほとんどは，公法又は刑事罰に関するもので，一般民事事件に絡むのは少ないと思います。

例えば，以前に鴨に矢が刺さる矢鴨事件がありました。人が飼育していない鴨は，動物愛護管理法の愛護動物に当たらないので，動物愛護管理法44条の対象外です。しかし，鳥獣の保護及び管理並びに狩猟の適正化に関する法律（以下「鳥獣保護法」といいます。）違反として罰則を問うことができます（８条，83条）。これも，刑事事件です。いわゆる野生動物で，動物愛護管理法44条の11種類の愛護動物に属さない，鳥類と哺乳類に対する虐待行為については，鳥獣保護法が登場することになります。

一般人が野鳥のメジロを捕まえて飼育することは許されていません。鳥獣保護法では，野鳥の捕獲を原則として禁じ，例外として飼育することも認められないからです（鳥獣保護法８条）。野鳥に関しては，その自然な生態系を保護する，人間が手助けすることは好ましいことではないとする考えがあります。それゆえ，愛玩目的でメジロを捕まえて飼育するとは認められていません。スズメやカラスも同様です。

ワシントン条約も有名ですが，これは主に絶滅危惧種の動物の国際間の取引に関する条約であり，一般的な民事事件においては出番はないでしょう。

愛玩動物看護師法

動物病院で獣医師の手助けをしている看護師に関する法律はありませんでした。愛玩動物に関する獣医療の普及及び向上並びに愛玩動物の適正な飼養に寄与することを目的として，令和元（2019）年６月に愛玩動物看護師法が成立しました。愛玩動物看護師は，国家資格になり，新たに「診療の補助」を行うことができるようになりました。この法律は，令和４（2022）年の６月頃までに施行させることになっています。

ペットフード安全法（愛がん動物用飼料の安全性の確保に関する法律）

平成19（2007）年，米国とカナダにおいて，有害物質（メラミン）が混入したペットフードが原因となって，多数の犬猫が死亡する事件が起こりました。我が国にも輸入販売されていたとのことです。ところが，ペットが食べるフードに関する法規制はありませんでした。そこで，ペットのフードに関する規制を定める法の必要が生じ，平成20（2008）年にいわゆるペットフード安全法として成立しました。

第１条の目的には，「この法律は，愛がん動物用飼料の製造等に関する規制を行うことにより，愛がん動物用飼料の安全性の確保を図り，もって愛がん動物の健康を保護し，動物の愛護に寄与することを目的とする。」と規定されています。

農林水産大臣及び環境大臣が定めた成分規格及び製造方法に合わない犬及び猫用ペットフードの製造，輸入又は販売は禁止されます。販売される犬及び猫用ペットフードには，名称，原材料名，賞味期限，製造業者等の名称及び住所と原産国名の表示が義務付けられました。また，農林水産大臣又は環境大臣は，問題が起きた場合などにペットフードの製造業者等から必要な報告の徴収又は立入検査等を行うことができるようになりました。

COLUMN

闘　牛

1　欧州

スペイン闘牛

スペインの闘牛は有名ですが，その試合のてん末を見たことはありませんでした。マドリッドの闘牛場では，闘牛士が，赤い布で牛を惑わすだけでなく，槍，銛や剣を使用して戦っていました。

2　国内

⑴　闘牛　愛媛県の宇和島

牛と牛との戦いです。基本的に押し合い，逃げたら負けというルールだそうです。相撲に似て，横綱，大関等の番付がありますが，番付の違う牛が戦うことはないとのことです。また，賞金（給金）は，勝った牛よりも，負けた牛の方が多くもらえるとのことです。

⑵　角突き　新潟県の小千谷

牛同士の戦いですが，勝敗を決めず，引き分けとして終わらせるそうです。勢子と呼ばれる役目の人が間に入って，引き分けていました。牛の自尊心を尊重しているのでしょう。闘牛ではなく，「角突き」と呼んでいます。

闘　犬

高知では闘犬を見学することができました。土佐犬同士の戦いです。相撲に似せて番付が付けられていました。柵のある土俵で，基本的にどちらかが逃げるまで戦わせていました。土佐犬の皮膚は，かまれても損傷が少ないように，伸びやすいとのことでした。

第2編

ペット訴訟の実務

第1章　総　論

第1　ペット訴訟の特徴

1　ペットが被害を受けた損害に対する賠償額が比較的低い

(1)　時価賠償の原則

交通事故などで犬猫が死亡してしまった場合，損害の１つとして犬猫の財産的損害が挙げられます。

この財産的損害の算出は，原則として事故直前の時価というのが物損における原則とされています。

損害を受けた物の事故が起きた直前の時価を賠償すれば，それで済むという内容です。

(2)　ペットには時価がないことが多い

ア　飼育後のペットの市場がない

ペットの場合は，一般的に時価を評価し難い，若しくは，時価があっても比較的低額であることが多いでしょう。自動車等の場合は，中古市場がありますが，ペットの場合は中古市場に相当する市場がないに等しいのです。一般の家庭で飼われている犬や猫の時価は，ないか，それとも極めて低いと考えられます。

自ら飼養しているペットを売りに出すことは通常の飼い主は考えていないでしょう。我が子同然に飼育しているペットを売ることは通常ないのです。ですから，飼われているペットの市場はないに等しいのです。病気がちな老犬に対してお金を出して買い取る人はいないでしょう。

何らかの事情で飼育できなくなったとき，里親に出すこともありますが，基本的に無償での贈与であり，買い取ってもらう制度ではなさそうです。

イ　時価を算定できる場合もある

時価がある場合もあります。例えば，競走馬です。競走馬の場合は数千万円の時価が付くこともあるでしょう。ほかの例としては，チャンピオンに輝いた犬や猫です。見た目も美しく，行いの良い犬や猫で，国内又は海外のショーで幾度もチャンピオンになると人気が高まり，数百万円で取引されることもあるようです。このようなまれな場合は，時価を算出して財産的損害額を算出することができそうです。

ウ　飼育しているペットの時価の算定方法

もっとも，ペットショップなどで購入して，取得価格がある場合，減価償却的な発想で財産的損害を計算することも可能だと思います。購入価格が30万円で，平均寿命が15年として，５歳のときに死亡した場合に，財産的損害を20万円とする考え方です。このような観点から，財産的損害を算出する考え方もありますが，計算方法として確立しているわけではありません。

そもそも，この考え方をとっても，友人や譲渡活動団体等から無料で譲り受けた場合には，財産的損害の算出は不能となってしまいます。

エ　新たに購入する価格を基準に損害額を認めることができるか

飼育しているペットが死亡した獣医療過誤訴訟において，新たに購入すると40万円の支出が必要となると主張した事案において，裁判所は，「原告らは新たな犬の購入費四〇万円を主張するが，〇〇は15歳の老犬で，一審原告らにとってはかけがえのないペットであったとはいえ，客観的には財産的な価値はなく，いわば財産的損害としての代替品購入費用を損害と認めるのは相当でない。」と判断したものがあります（東京高裁平成19年９月27日判決（判時1990号21頁））。

これらの事情から，財産的価値がなく財産的損害がないと評価されてしまうこともあり得るのです。

(3)　ペットの財産的価値に関する裁判例

ア　慰謝料のみを請求：大阪地方裁判所平成21年２月12日判決（判例時報2054号104頁）

この裁判では，紀州犬が，知人から無償で譲り受けてから，約18年間にわたって飼育してきた雑種の猫をかみ殺した事案で，飼い主が，財産的な請求をせずに慰謝料のみを請求したところ，高齢で死期が近いから財産的価値がなくそもそも不法行為に当たらないとの反論がなされました。裁判所は，市場性・市場価値がなくても財産的損害が無いとはいえないとして，慰謝料20万円の支払を認めました

裁判所は，「確かに，老齢である雑種の飼い猫の○○には市場価値はなく，これは控訴人も認めるところである。しかしながら，愛玩動物が飼育者によって愛情をもって飼育され，単なる動産の価値以上の価値があるものとして，その飼育者（所有者）によって認識され，またそのことが社会通念として受け入れられていることは公知の事実といって差し支えないから，特定の飼育者によって長年飼育された愛玩動物に市場での流通性がないため市場価値がないといわざるを得ないとしても，そのことから直ちにその愛玩動物には財産的価値がないと結論づけることは失当というべきである。」「したがって，老齢であり雑種の飼い猫である○○についても，その財産的価値が皆無とまではいえない以上，○○を死亡させた本件事故は，控訴人の財産権を侵害するものであるから，被控訴人は，民法718条１項本文の不法行為責任を負うべき」と判断したのです。

高齢で市場価値のないペットを殺害しても損害が発生しないとすれば，そもそも，不法行為自体が成り立たなくなり，法的に全く損害の賠償をしなくてよくなってしまいます。本件では，猫の飼い主は，市場性のないことを考慮したのか，財産的価値の賠償請求をしませんでした。慰謝料の請求だけをしたのです。そのような場合でも，裁判所は，市場価値がなくても，財産的な損害があるとして不法行為の成立を認め，慰謝料の支払を命じたのです。

イ　比較的高額な時価評価：宇都宮地方裁判所平成14年３月28日判決（判例集未登載）

この裁判は，原告は，飼っていたアメリカンショートヘアー種の猫の避妊手術を獣医師に頼みました。獣医師が，卵巣動脈のみならず尿管も合わせて結紮してしまい，手術の３日後に死亡してしまった事案です

原告は，この猫は優秀な血統を持つショーキャットであり，平成４（1992）年度の年間総合成績でアメリカンショートヘアー種日本第１位，全種でも第５位に入賞した実績を有し，今後もキャットショーへの出陳が見込まれていたものであるから，その価格は100万円を下らないと主張しました。

裁判所は，この猫の死亡は，本件手術の際，被告が誤って左右の尿管を卵巣動脈とともに結紮したことにより生じたと判断しました。そして，原告がこの猫を30万円で譲り受けたこと，その後入賞した実績を有すること，亡○○による繁殖は考えていなかったこと，その他弁論の全趣旨を総合して，亡○○の財産的価値は，金銭に換算した場合，本件手術時点で50万円とするのが相当であると判断しました。

原告からの100万円の主張はとおりませんでしたが，購入価格の30万円よりも高額の50万円という評価が付きました。ショーで入賞したことも影響したものと思います。この判決では，財産的損害の他に飼い主の慰謝料20万円，弁護士費用20万円，治療費等合計32,500円の損害賠償も認められています。慰謝料が20万円というのも，この頃としては比較的高額です。

ウ　盲導犬の社会的価値：名古屋地方裁判所平成22年３月５日判決（判例時報2079号83頁）

盲導犬という特殊な事例ですが，死亡した盲導犬の財産的損害として比較的高額な損害賠償が命じられた事例があります。裁判所は，視覚障害者の男性と盲導犬が大型貨物自動車に跳ねられ，盲導犬が死亡し，犬を貸与していた盲導犬協会が，大型貨物自動車の運転手らに対して損害賠償請求した事例です。

盲導犬協会は，盲導犬１頭を育て上げるためにかかった経費を根拠にして約400万円の交換価値があると主張しました。

これに対し，加害者側は，無償貸与であるから交換価値はないに等しい，せいぜい20万円が限度であると反論した事案です。

裁判所は，時価を算定することが難しいとしながら，盲導犬には社会的価値があり，その価値は育成に要した費用を基礎に考えるべきであるとした上で，盲導犬が事故に遭わなければ活動できた残りの期間などを基に，賠償額を算出しました。盲導犬１頭を育て上げるためにかかった経費を基本として，盲導犬として働ける残りの期間を勘案し，さらに「本件事故当時の盲導犬ａとしての技能は貸与当初と比較して一般的，客観的にも向上していたと評価し得るから，本件事故当時のａの客観的価値は，盲導犬としての能力を発揮することのできる上記残余期間を基礎に，一般的，客観的な技能の向上も考慮し」260万円という賠償額を算出しました。

動物の時価の算定は，市場がないので困難な場合が多いのですが，算出は不可能ではありません。とはいえ，犬１頭について260万円という評価が出たのは，盲導犬として特殊な訓練を受けた数少ない貴重な犬だったからでしょう。

2　時価よりも高い賠償を認めることがある

裁判における物損の損害賠償の一般的な基準は，時価の賠償とされています。時価を賠償すれば足り，時価以上の賠償をする必要はないとされています。例えば，自動車の場合交通事故直前の時価が100万円であるとき，その修理費用に120万円かかるとしても，時価である100万円の賠償をすれば，修理費用としての120万円を賠償する必要はないことになります。しかし，ペットの場合は，そもそも，時価がない若しくは時価があっても極め低額であることが多く，負傷したペットを治療するために動物病院に支払う治療費の方が高額になることがあります。

例えば，交通事故に遭ったペットが，その治療としての手術代として高額な費用が生じた場合，ペットショップにて20万円で購入したペットが，購入した直後に交通事故で負傷して，手術代として25万円かかった場合等，時価賠償の原則からすれば，時価以上の賠償をする必要はないことになります。前述したように，自動車の場合，事故直前の時価が100万円あるとき，事故に遭遇した自動車の修理費が120万円であるとしても，時価に相当する100万円を賠償すれば，修理費である120万円を賠償する必要はないことになります。これをペットに当てはめると，時価の低いペットに対し，その治療費が時価以上にかかった場合には，時価を超えた分の治療費を支払う必要がないという結論に至ります。これでは，飼い主は納得できないことでしょう。命のある特別な生き物であり，動物福祉の観点からも治療が必要であるということを無視する結果につながります。そこで，時価を超える治療費の賠償が必要だと解釈する必要が出てくるのです。

裁判例では，この点について判断を示したものがあります。すなわち，物損における，時価を超えてまで賠償する必要はないという原則に対して，修正があり得ることを判断した裁判例があります。けがしたペットの治療費が，そのペットの時価額よりも高額な場合，より高額な治療費まで賠償する必要があるのかという問題について判断を示したものです。

名古屋高等裁判所平成20年９月30日判決（交通事故民事裁判例集41巻５号1186頁）は，「一般に，不法行為によって物が毀損した場合の修理費等については，そのうちの不法行為時における当該物の時価相当額に限り，これを不法行為との間に相当因果関係のある損害とすべきものとされている。しかしながら，愛玩動物のうち家族の一員であるかのように遇されているものが不法行為によって負傷した場合の治療費等については，生命を持つ動物の性質上，必ずしも当該動物の時価相当額に限られるとするべきではなく，当面の治療や，その生命の確保，維持に必要不可欠なものについては，時価相当額を念頭に置いた上で，社会通念上，相当と認められる限度において，不法行為との間に因果関係のある損害に当たるものと解するのが相当である。」との判断を示しました。時価を超えるペットの治療費が生じたとき，一定の場合にその治療費が損害賠償の対象となり得ると判断したのです。

この裁判の基準からすると，ペットの治療にかかった治療費の全額が対象になるとは限りません。「当面の治療や，その生命の確保，維持に必要不可欠なもの」等の制限がついているからです。

ちなみに，海外では，このような制限はなく，動物の時価にとらわれることなく治療費を賠償する必要がある旨を定めた規定があるようです。我が国では，令和２（2020）年に施行になった民法の大きな改正がありましたが，その中にこの手の動物の損害賠償に関する特則的な規定は含まれませんでした。近い将来，動物の損害賠償に関する特則規定が，民法改正の対象になるかもしれません。

3　ペットの逸失利益

ペットが事件に遭遇しなければ，将来得られたであろう利益のことを逸失利益といいます。人がけがして後遺症が残った場合でしたら，仕事を失う，減給されるなど逸失してしまった利益が生じます。しかし，ペットの場合は，一般的には収入がありません。それゆえ得られたであろう利益を失うという意味の逸失利益は通常はなさそうです。

しかし，ペットも収入を得る場合があります。売却代金，交配料，タレント収入などが考えられます。血統書がある等他の飼い主からも人気のあるペットは，交配をすることの対価として交配料を得られることがあります。人気のあるペットで交配料を取得できる予定のあった場合などには，得られることができなくなった交配料が逸失利益となります。

ショーで優勝するなどして，人気のあるペットは，高値で販売されることもあり得ます。将来売却することを前提にショーに出陳していた場合など買い手が付く場合も，逸失利益があるといえるでしょう。

ペットも，姿勢や体格がよかったり，毛並みがきれいだったりする場合には，雑誌や広告宣伝のためにモデルとして収入を得られることがあります。例えば，事務所とモデル契約を行い登録してあり，既に一定のモデル収入を得ていた場合も逸失利益があることになるでしょう。もっとも，これらの逸失利益は，実際に収入がある程度確実であることが必要と考えられ，そのことを立証する必要があります。

4　物損に分類されるにもかかわらず，金銭で慰謝されない精神的損害の賠償（慰謝料）が認められる

物の損害賠償においては，時価の賠償で足りるとされるのが裁判上の原則とされています。物損においては，その物の時価の賠償があれば，精神的苦痛は慰謝されたとみなされ，特段の慰謝料の賠償は必要がなくなるのが原則となります。ところが，ペットの場合は時価がない若しくは極めて低額であることが多く，時価賠償の原則の適用は現実的でなく，損害の公平な分担の見地から修正が必要となることが多いのです。そこで，ペットが損害を受けた場合には，飼い主の精神的な苦痛に対する慰謝の必要性から，物損であるにもかかわらず，飼い主の慰謝料の賠償が認められたことがあります。

(1)　ペットが死亡した場合の飼い主の慰謝料

ペットが死亡したとき，時価がなく財産的損害がゼロで損害賠償の必要がないとされてしまうと，被害者である飼い主の気持ちは晴れることがないでしょう。そこで，多くの裁判例では，飼い主の精神的損害に対する賠償すなわち慰謝料を認めています。

民法では，精神的苦痛に対する損害の賠償を認めています（民法710条）。もっとも，物についての損害賠償のときは，その物の時価の賠償があれば，原則としてその金銭が支払われることにより，精神的苦痛は慰謝されるとみなされています。例えば，交通事故により200万円で購入し３年乗った自動車が損害を受けても，その事故のときの時価が100万円である場合，100万円の賠償がなされれば，その他に，慰謝料を負担することがないのが原則となります。先ほど説明したように，ペットの場合は時価評価が難しく，時価がゼロ円ということも多いことでしょう。そうすると，加害者は，被害者に対して，損害の賠償をしなくてよくなり，

極めて不公平です。そこで，飼い主の精神的苦痛は慰謝されたとみなすことなく，精神的苦痛に対して慰謝料を払わせる必要が出てくるのです。

裁判例でも，昭和30年代から飼い主の慰謝料を認めたものがあります。当時は，数万円でしたが，最近は数十万円の慰謝料の支払が認められています。

獣医療過誤裁判の事例ですが，原告が１人の事案で50万円の慰謝料が認められた事案があります。東京高等裁判所平成19年９月26日判決（未掲載）では，手術を依頼したにもかかわらず停留精巣の取り残しがあったとして，慰謝料50万円を含む130万円の支払いを命じました。

飼い主の慰謝料を認めた裁判例の中で，最も古いものは，昭和36（1961）年の事例でしょう。東京地方裁判所昭和36年２月１日判決（判例タイムズ115号91頁，判例時報248号15頁）は，原告の飼育する愛猫（三毛猫）が，散歩中でひもが解かれていた被告の飼育するシェパードにかみ殺された事案です。

裁判所は，「侵害された財産と被害者とが精神的に特殊なつながりがあって，通常財産上の価額の賠償だけでは被害者の精神上の苦痛が慰謝されないと認められるような場合には，財産上の損害賠償とは別に精神上の損害賠償が許される」とし，「家庭に飼われている猫が，飼い主との間に高度の愛情関係にあることは通常のことであるから，加害動物の占有者がその間の事情を知ったと知らないにかかわらず，」慰謝料請求が認められると判断しました。そして，原告の愛情の注ぎ方を考慮し，夫婦各１万円の慰謝料の請求を認めました。

東京高等裁判所昭和36年９月11日判決（東京高等裁判所判決時報民事12巻９号180頁）は，「時として単に財産的損害の賠償だけでは到底慰藉され得ない精神上の損害を生ずる特別の場合もあり得べく，他人が深い愛情を以て大切に育て上げて来た高価な畜犬の類を死に致らしめたようなときは正にこの例であって，被害者は仮令畜犬の価額相当の賠償を得たとしてもなお払拭し難い精神上の苦痛を受けるのは当然であり」「死亡により蒙った精神上の損害に対する慰藉料をも支払うべき義務ありといわなければならない」として，治療費９千円と埋葬費２千円の支出等を勘案して金３万円の慰謝料の支払を命じました。

東京地方裁判所昭和43年５月13日判決（判例タイムズ226号164頁）でも，獣医師が犬の手術に際しガーゼを体内に遺留したなどの過失を推定した事案で「財産的損害および精神的苦痛に対する慰藉料として合計金５万円」の支払を認めています。その後も飼い主の慰謝料は多くの裁判事例で認められています。

このように半世紀ほど以前からペットの死亡事例において，飼い主に対する慰謝料が認められてきました。最近になりようやく慰謝料が認められるようになったわけではないのです。昭和30年代から，ペットの飼い主の慰謝料の支払が裁判所によって認められてきたことは，強く主張してよいと思います。

(2)　ペットが死亡しなかった事例でも慰謝料が認められる

ペットが死亡せず，傷害を負ったにすぎない場合にも，飼い主の精神的苦痛に対する賠償である慰謝料が裁判例上認められています。

東京高等裁判所平成20年９月26日判決（判例タイムズ1322号208頁）は，ペットの入院が長期化し，右前足を引きずる等の後遺障害を残すに至った事例につき，獣医師に金40万円の慰謝料の支払を命じました。裁判所は，「精神的損害についてみると，被控訴人は，○○を平成２年からペットとして飼い始めたものであるが，○○を我が子同様に可愛がり，強い愛着を抱いていたことは，○○の治療に関して近くの動物病院で治療が効果を挙げないと，わざわざ自宅から離れた控訴人病院を受診し，さらに，入院中の○○を見舞うため，控訴人病院の近くのホテルにまで宿泊していたこと等からも十分うかがえるところである。ところが，○○は，間質性肺炎及びDICに罹患し，一時生死が危ぶまれるような状態に陥ったのであり，入院期間も，日大病院に転院して長引いたのである。また，○○が重篤な状態に陥ったことが，退院後の通院治療等（その内容，頻度等）にも一定の影響を及ぼしていることが推認されるし，○○が日大病院退院後（略）認定のような状態になったことにも一定の影響を及ぼしていることが推認される。そして，これらのことにより，被控訴人は多大な精神的苦痛を被ったものと認められるのである。

そうすると，○○が飼育動物にすぎないこと，本件は獣医師の過失により動物が死亡したという事案ではないこと等を考慮しても，被控訴人が被った精神的損害を慰謝するに相当な金額は40万円と認める。」と判断しています。この事案では，飼い主１人が訴訟を起こしていますので，死亡していない事案で，飼い主１人当たり40万円の慰謝料が認められたことになります。

前掲，名古屋高等裁判所平成20年９月30日判決（交通事故民事裁判例集41巻５号1186頁）は，犬を自動車に乗せて走行していたところ，後続車に追突され，犬がけがをした事例で，裁判所は，「近時，犬などの愛玩動物は，飼い主との間の交流を通じて，家族の一員であるかのように，飼い主にとってかけがえのない存在になっていることが少なくないし，このような事態は，広く世上に知られているところでもある（公知の事実）。そして，そのような動物が不法行為により重い傷害を負ったことにより，死亡した場合に近い精神的苦痛を飼い主が受けたときには，飼い主のかかる精神的苦痛は，主観的な感情にとどまらず，社会通念上，合理的な一般人の被る精神的な損害であるということができ，また，このような場合には，財産的損害の賠償によっては慰謝されることのできない精神的苦痛があるものと見るべきであるから，財産的損害に対する損害賠償のほかに，慰謝料を請求することができるとするのが相当である。」との判断を示し，飼い主２人の合計40万円の慰謝料請求を認めました。

この裁判例は，重い傷害を負い死亡した場合に近い精神的苦痛を飼い主が受けたときだけに慰謝料が認められるように読めますが，そのように限定せず，およそペットが負傷したときには，飼い主は精神的衝撃を受けてペットとともに痛みを分け合い，仕事を休むなどして入院・通院に付き添い，睡眠時間を減らして看病することがあるのであるから，慰謝料請求が認められるべきと主張してみてもよいでしょう。

⑶　飼い主の慰謝料の算定根拠

ところで，同じく動物が死亡した事例であるにもかかわらず，飼い主の慰謝料請求を認めなかった裁判例があります。

大阪地方裁判所平成９年１月13日判決（判例タイムズ942号148頁，判例時報1606号65頁）は，原告が所有する猫（アビシニアン種）の出産にあたり，被告獣医師が猫に対し，陣痛促進剤を２回にわたって注射したところ，容態が急変し，猫及び２匹の胎児が死亡した事案で，獣医師に過失があるとして，財産的損害の賠償を認めたものの，原告の猫の飼育が愛玩用ではなく商品用であったことから，精神的損害の賠償を認めませんでした。

飼い主の慰謝料額の算出方法については，取得価格や時価を基準にすべきとの見解もあるでしょう。しかし，飼い主が愛情を注いだペットの死に際し同様に精神的苦痛を味わっても，里親など無償で譲り受けた場合には，取得価格がないので慰謝料を認めることができなくなり不都合だと思います。飼い主がペットに対しどれだけ愛情を持って接してきたか，飼い主のペットが負傷又は死亡したことにより受けた精神的苦痛がどれだけ大きいか（取得の動機，室内飼いか否か，毎日のように写真を撮ったり日記をつけたりしてきたかどうか，絶えず行動を共にしてきたか，予測できない事件だったか等）を具体的に考慮して事案に即し個別に判断するのが妥当と考えます。

⑷　ペットの飼い主の慰謝料額の増加傾向

前述した昭和36（1961）年の裁判例は，飼い主である夫婦それぞれに各１万円の合計２万円の慰謝料の支払を命じました。その後，ペット死亡時の飼い主に対する慰謝料額は数万円という裁判例が相次ぎました。もっとも，数万円であっても当時の物価に比べればそれほど低額ではないとも評価できるでしょう。

東京地方裁判所平成16年５月10日判決（判例タイムズ1156号110頁，判例時報1889号65頁）は，いわゆる日本犬スピッツの真依子ちゃん事件において，夫婦各30万円，合計60万円の慰謝料の支払を獣医師に命じました。

裁判所は，「犬をはじめとする動物は，生命を持たない動産とは異なり，個性を有し，自らの意思によって行動するという特徴があり，飼い主とのコミュニケーションを通じて飼い主にとってかけがえのない存在になることがある。原告らは，結婚10周年を機に本件患犬を飼い始め，原告Ａの高松への転勤の際に居住した社宅では，犬の飼育が禁止されているところを会社側の特別の許可を得て本件患犬を飼育したほか，その後の東京への転勤の際には本件患犬の飼育環境を考えて自宅マンションを購入し，本件患犬の成長を毎日記録するなど，約10年にわたって本件患犬を自らの子供のように可愛がっていたものであって，原告らの生活において，本件患犬はかけがえのないものとなっていたことが認められる（中略）。また，原告らは，以前に飼育していた犬が病死したことから，本件患犬を老衰で看取るべく（スピッツ犬の寿命は約15年である。），定期的に健康診断を受けさせるなどしてきたにもかかわらず，約10年で本件患犬が死亡することになったものであって，本件以降，原告Ｂがパニック障害を発症し，治療中であること（中略）からみても，原告らが被った精神的苦痛が非常に大きいことが認められる。

そこで，本件患犬が前記(1)で認定したような犬であったことも合わせて斟酌すると，原告らが被った精神的損害に対する慰謝料は，それぞれ30万円と認めるのが相当である。」と判断しました。

この判決を契機に，飼い主に対する慰謝料の高額化が進んだように思います。

東京地方裁判所平成19年３月22日判決（判例集未登載）では，５件の訴訟の併合事案で獣医師の動物傷害，詐欺的治療を認め，合わせて金140万円の慰謝料の支払を命じましました。

東京高等裁判所平成19年９月27日判決（判例時報1990号21頁）では，親子３人の訴えに対し，各自35万円，合計105万円の慰謝料の支払を命じました。

裁判所は，慰謝料について，「前記認定事実及び前掲各証拠によれば，前記三(2)（編注：元文ママ）のとおりの不法行為により○○が死亡したことにより一審原告らがかなりの程度の精神的苦痛を受けたことが認められ，同苦痛に対する慰謝料は，前記認定のような不法行為の内容，とりわけ本件手術の不適切さの程度，獣医師でありながら，３箇所の手術を同時に行う危険性，緊急性についての慎重な判断を欠いたこと，死亡という結果，○○が一審原告らのペットとして約15年間共に生活してきたこと，その他本件記録に顕れた諸般の事情を総合して，一審原告の各自につき35万円が相当であると認める。」と判断しています。

慰謝料額は，数万円とされてきた時代から，数十万円の時期を経て，原告の人数にもよりますが，１つの訴訟で100万円を超えるように増加しつつあるともいえるでしょう。

もっとも，裁判の慣行として，前例を参考とする傾向があり，ペット死亡時の飼い主１人当たりの慰謝料額が100万円を超える裁判例は，登載された判例集で探す限り現れていないようです。飼い主１人当たりの慰謝料は，数十万円ということで落ち着いているようにも思えます。

裁判官に，ペットが負傷若しくは死亡した場合の飼い主の甚大な精神的苦痛を理解してもらえるよう，内容の濃い陳述書の作成など飼い主の精神的苦痛の証拠化が必要となるでしょう。

5　和解が成立しにくい傾向がある

我が国の裁判の特徴として，判決に至る前に，和解で解決する比率が多いことを挙げることができるでしょう。比較的考え方の同じ国民が多く，はっきりと白黒付けるよりも，妥協し合いお互いの合意で解決することを望むことが多いからでしょうか。ところが，ペットに関する争いでは，和解で終わらないことが多いと思います。会社同士の訴訟などでは，裁判にかかる費用や時間を無駄にしないように，なるべく支出を少なくするなどの観点から，訴訟を早く終わらせるために，早期に和解が成立するケースがよくあります。これに対し，ペットにまつわる争いでは，例えば，ペット好きとペット嫌いの人の間の争いなどでは，考え方や感情の対立が激しく，和解をし難いのです。ペットは物だと考える人と，ペットは家族同然と考える人の間でも妥協点は見つけにくいでしょう。

和解し難い一面があることから，裁判は判決が出るまで続き，時間的には長くかかることが予想されます。裁判期日の回数も多くなることでしょう。簡易裁判所の裁判では，比較的早い段階から，司法委員を中に入れて話合いでまとめて和解で終わらせる手続があります（民事訴訟法279条）。和解の可能性が低いことを念頭に置いて，話合いに臨む姿勢が必要となるでしょう。

ペットに関する争いにおいても，裁判ではなく，簡易裁判所の調停を利用することもできます。ところが，話合いによる解決が困難であると不調となり，成果が出ないことがあります。調停の手続を選択するときも，和解の困難性を十分理解した上で臨むべきでしょう。訴訟外紛争解決手段である裁判外紛争解決手続（ADR）を選択する場合も同様でしょう。

第２　手　続

1　どの裁判手続を選ぶか

⑴　管　轄

ア　事物管轄

訴訟を起こす場合，地方裁判所に起こすか，簡易裁判所に起こすかの選択をする必要があります。

事件の大きさにより，訴訟物の価格が140万円を超える場合は地方裁判所に起こすことになります。訴訟物の価格が140万円以下の場合は，簡易裁判所に起こすのが原則となります（裁判所法33条１項１号）。140万円を超える訴訟を簡易裁判所に起こすことはできませんが，140万円以下の訴訟を地方裁判所に起こすことは認められることがあります（民事訴訟法16条２項）。

ペット訴訟の場合，ペットが被害側である場合は，損害賠償の請求額は低額であることが多いでしょう。例えば，犬の散歩中に自動車にひかれて死亡した事例だとすると，犬の財産的損害があればその額と飼い主の慰謝料及び葬儀費用等の請求が考えられます。仮に財産的損害が算定できずにゼロ円だとすると，数十万円の慰謝料と数万円の葬儀費用を請求することになります。このように損害額の合計額が，140万円を超えません。この事例では，簡易裁判所へ訴えることを選択することが通常といえるでしょう。

簡易裁判所の裁判手続は，名前からも分かるように，比較的簡単な事件で，手続も簡単に済ませるものとなります。例えば，期日前に準備書面を出しておけば，期日に裁判所に行かなくても陳述擬制がされます（同法277条）。証人若しくは当事者本人の尋問に代え，書面の提出で済ませることができます（同法278条）。

訴訟物の価格が140万円以下の場合でも，簡易な手続でなく，手厚い手続を願って，地方裁判所に訴えを起こす選択も考えられます。手間もかかりますが，より充実した裁判を期待する場合です。地方裁判所は，140万円以下の事案でも，相当と認めるときは，申立てにより又は職権で，訴訟の全部又は一部について自ら審理及び裁判をすることができます（同法16条２項）。

【上申書例】

令和　　年（ワ）第　　　　　号　○○請求事件
原　　告　○　○　○　○
被　　告　○　○　○　○

上　申　書

○○地方裁判所　民事部　御中

令和　　年　　月　　日

原告訴訟代理人弁護士　○　○　○　○　印

本件事件の請求額は140万円を超えるものではありませんが，内容が複雑であり，簡易迅速な審理に適さず，慎重な審理を要するため，御庁にて処理していただきたく上申します。

以上

【注】　訴訟の価額が140万円以下の請求の場合，本来は簡易裁判所の管轄ですが，

事案が複雑で慎重な審理を必要とするときに，地方裁判所で審理してもらう職権の発動を促すための上申書です（民事訴訟法16条２項）。
事件番号がまだ決まっていない場合は，空欄にしておいてよいでしょう。

訴訟物の価格が140万円以下でも，裁判の内容が複雑で，簡易な手続になじまない事案では，訴えられた被告から，移送が申し立てられたり，裁判所の職権で地方裁判所へ裁量移送されることがあります（同法18条）。例えば，獣医師の過誤が問題となる獣医療過誤訴訟の場合は，請求額を140万円以内に収めて簡易裁判所に訴えを起こしても，争いの内容が高度に専門的な獣医療に関わることから，被告の側から地方裁判所への移送を申し立てられることが考えられます。また，被告から移送の申立てがない場合でも，裁判所自ら判断して職権で裁量移送することもあります（同法18条）。獣医療過誤に代表される複雑な争いでは，簡易裁判所に訴えを起こした場合は，その後に，地方裁判所へ移送されることがあることも予測しておくべきでしょう。簡易裁判所から地方裁判所に移送される手続だけでも１，２か月かかることがあります。その間，訴訟の進行は空転します。この時間のロスを防ぐために，複雑な事件では初めより地方裁判所に訴えるという選択も考えられます。

イ　少額訴訟（後述第３「少額訴訟を活用する」参照）

簡易裁判所では，少額訴訟という制度を選択することも可能です。少額訴訟が，１回の裁判で判決まで至ることを前提とした裁判です。訴訟物の価格の上限が60万円とされており（同法368条），主張・立証が極めて簡易なものが想定されています。１日で裁判は判決まで迎え終了します（同法370条）ので，裁判当日には，準備できる全ての主張と立証を行う必要があります。ペットにまつわる紛争の中では，散歩中に犬にかまれたことに対し相手方が謝罪し，治療費の支払を約束する合意書まで交わしたのに，支払がない場合等，立証し易い事件が適すると思います。

ウ　土地管轄

どこの地方の裁判所に起こすかという選択が必要です。

土地管轄は，まず，被告（相手方）の住所地を管轄する裁判所に認められます（同法4条1項）。交通事故の場合など不法行為責任を追及する場合には不法行為地にも管轄が認められることになります（同法5条9号）。それゆえ，交通事故の現場を管轄する裁判所に訴えを起こすこともできます。ところが，事故現場が遠い場合は，遠い裁判所へ通うことになり不便でしょう。請求の目的が，持参債務の性質を帯びる場合は，義務履行地となる原告の住所地で訴えを起こすことができます（同法5条1号）。例えば，東京に住んでいる人が，名古屋に出かけているときに，大阪在住の人の運転する車により交通事故を起こされた場合，相手方の住所地である大阪，事故現場のある名古屋，そして，義務履行地の東京のそれぞれの裁判所で訴訟を起こすことができます。

エ　証拠保全手続の管轄

動物病院の獣医師を相手に，獣医療過誤を問題にして訴訟を起こすことが考えられます。訴訟を起こした後に，獣医師にカルテの提出を求めた場合，獣医師の都合のよいように書き加えたりして，改ざんを施して提出されてしまう可能性があります。それを，防ぐために，裁判が始まる前に，裁判官が現地に出向いて，その場で証拠調べを行う手続があります（同法234条）。この証拠保全手続の場合の管轄は，文書を所持する者の居所又はカルテ等の検証物の所在地を管轄する地方裁判所又は簡易裁判所になります（同法235条2項）。

オ　合意管轄

ペットショップで，ペットを購入する場合などは，契約書が作られていることがあります。それらの契約書に，合意管轄の条項があれば，その合意管轄に従うことになります（同法11条）。民事訴訟法で定められている土地管轄のほかに，合意管轄を追加する場合や，逆に，複数の管轄が認められる場合に専属の管轄に限定する効力のある管轄の定めもあります。契約書が存在する場合には，契約書内に管轄に関する条項があるか，あるとしてどのような管轄が認められるかを確認する必要があります。専属管轄に関する合意があれば，その合意に従い，定められた管轄の場所に訴えを起こすことになります。

管轄を定めた契約書がない場合でも，後から原告と被告とが書面で合意すれば，合意で定めた地で裁判を起こせます（同法11条）。例えば，東京に住む原告が，岡山に住む被告との間で訴訟を起こす場合。岡山若しくは東京で裁判を起こすと，どちらかの当事者が遠方まで出向く必要が生じます。そこで，例えば，中間地点に近い名古屋の裁判所で裁判をすることを原告と被告の双方が合意すれば，名古屋で裁判を起こせることになります。

【管轄合意書例】

管　轄　合　意　書

○○簡易裁判所　御中

令和　　年　　月　　日

住　所
原　告　　　　　　　　印

住　所
被　告　　　　　　　　印

上記当事者間の貴庁令和　年（　）第　　　号○○請求事件について，当事者双方合意の上，貴庁を管轄裁判所と定めたので，届け出ます。

2　裁判所における獣医療過誤訴訟の取扱い

獣医療過誤訴訟とは，動物病院などにおける獣医師の獣医療行為に過誤があるとして争う訴訟です。人に関する医療訴訟においては，その争いが専門的な医療に関することで，高度の医療知識と理解が必要であることや，カルテの解読の必要性，尋問手続においてもレントゲン写真を見る設備の備えの必要性などの専門的な手続に対応するための集中部が設けられるようになったようです。医療集中部は，全国の地方裁判所及びその支部の裁判所の全てにおいて設けられている制度ではありません。比較的大規模な地方裁判所にしか設置されていません。当初は，人の医療過誤に対応する部でしたが，平成15（2003）年に東京地方裁判所に訴えられた獣医療過誤訴訟では，動物に関する獣医療訴訟であっても，医療集中部で扱うことになりました。しかし，この取扱いは，全国の裁判所に共通するものではありません。東京地方裁判所以外の裁判所では，裁判所の裁量で医療集中部に配点するか否かを決めているようです。もっとも，獣医療過誤裁判が難しい裁判であることを考慮し，単独ではなく合議体の裁判で行われることもあります。

裁判所に事件の配点についての希望を求める際には，訴状の他に希望事項を記載した上申書を付けてもよいでしょう。

【上申書例】

令和　　年（ワ）第　　　　　号　損害賠償請求事件
原　告　○　○　○　○
被　告　○　○　○　○

上　申　書

○○地方裁判所　○○支部　民事部　御中

令和　　年　　月　　日

原告訴訟代理人弁護士　○　○　○　○　印

本件事件は，動物病院における獣医療過誤の存否が争われる事案であり，獣医学に関する専門的で複雑な主張・立証を必要とする事案である。そこで，合議体で審理していただきたく上申する。

以上

【注】 獣医療過誤訴訟などの複雑な事案で，単独の裁判官ではなく，合議体の裁判官に審理してほしい場合の上申書です。

事件番号がまだ決まっていない場合は，空欄にしておいてよいでしょう。

3　消滅時効について

訴訟を起こす前に，それぞれの事案における消滅時効の成否を確認することも重要でしょう。令和２（2020）年の民法改正で，消滅時効に関して大きな改正がありました。改正民法166条から169条の条文を確認する必要があります。

時効に関する経過措置について，附則10条４項では「施行日前に債権が生じた場合におけるその債権の消滅時効の期間については，なお従前の例による。」と定めています。旧法の適用がある場合は，２年等の短期消滅時効に該当しないかの確認が必要です。

不法行為の場合の消滅時効については，被害者又はその法定代理人が損害及び加害者を知った時から３年間です（民法724条）が，令和２（2020）年改正により，人の生命又は身体を害する不法行為による損害賠償請求権の消滅時効については５年間となります（同法724条の２）。

第３　少額訴訟を活用する

ペットに関する事件では，損害賠償額が低額なことが多いと思います。例えば，主婦が散歩していたら，近所の犬に足をかまれたという事件の場合，治療のため，病院に２回通い，それぞれ治療費として3000円を支払い，診断書作成料として5000円を支払った場合。病院に通うための交通費が800円かかったとします。通院慰謝料としては，３万円を請求する場合，請求額の合計額は，４万1800円となります。ペットに関する訴訟の請求額が60万円以下である事例は多いと思います。簡易裁判所で扱う少額訴訟制度では，上限が60万円となっています（民事訴訟法368条１項）ので，少額訴訟の範囲内の事例も多いことでしょう。

少額訴訟制度は，簡易迅速に紛争を処理することを目的として設けられた制度です。通常の訴訟手続とは異なる点が幾つかあります。例えば，裁判所は，原則として，１回の期日で審理を終えて，即日，判決をします（同法370条１項，374条１項），また，訴えられた被告は，最初の期日で自分の言い分を主張するまでの間，少額訴訟手続ではなく，通常の訴訟手続で審理するよう，裁判所に求めることができます（同法373条１項）。そして，少額訴訟手続によって裁判所がした判決に対して不服がある人は，判決又は判決の調書の送達を受けてから２週間以内に，裁判所に対して「異議」を申し立てることができます（同法378条１項）。この「異議」があったときは，裁判所は，通常の訴訟手続によって，引き続き原告の請求について審理を行い，判決をします（同法379条１項）。この判決に対しては控訴をすることができないことになっています（同法377条）。

原則として，１日で裁判が終わり，控訴に対する制限がある少額訴訟を利用することにより，裁判の時間と費用等の負担を軽減させることができます。半面，短時間で裁判が終わってしまうので，複雑な事件の解決には不向きでしょう。そして，１日で終わってしまうことを前提に，その裁判の日までに主張と証拠をそろえておく必要があります（同法370条２項）。先の事例の場合でしたら，治療した病院の領収書，診断書等を証拠として用意しておく必要があります。

この制度は，相手方が，始めの段階で通常訴訟への移行を希望すると，通常の訴訟へ移行してしまいます。被告が，被告との感情の対立が激しいような場合は，相手方が，移行の希望を出す可能性があることを予測しておくことも重要でしょう。

もっとも，被告にとっても１回の期日で効率よく終わらせることができます。被告がこのメリットを感じるのであれば，通常訴訟への移行の希望はなされないでしょう。ちなみに，通常訴訟となれば裁判の期日を何回も重ねること，上訴（控訴・上告）されると裁判が更に長引く可能性があります。

訴状には，「少額訴訟」であることを明記します。また，この制度には年間の利用制限として同じ裁判所では年に10回までとなっていますので，何回目であるかを記載する必要もあります（同法368条，同規則223条）。

用意する証拠は，領収書などの書面だけではありません。例えば，被告の犬がかんだこと自体を否認している場合，かまれた状況を説明する等のために，原告の尋問手続を行うことが考えられます。あらかじめ，尋問する内容を考えたり，答え方などの予行演習をしておくことも必要でしょう。被告を，尋問することも念頭に置き，尋問内容を考えおく必要もあります。

少額訴訟では，まず，被告が希望を出して通常訴訟に移行してしまう可能性のあることを意識すること，１日で判決まで出てしまうので，全ての主張と証拠を準備しておくことがポイントになります。

【訴状例】

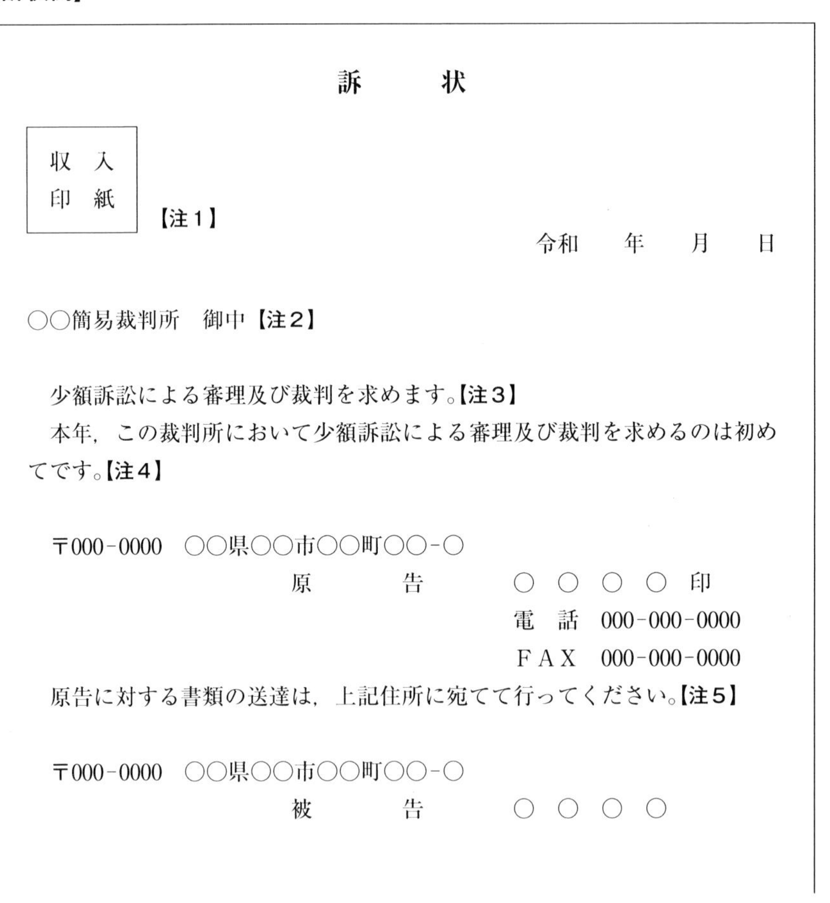

訴　　状

収入
印紙

【注１】

令和　　年　　月　　日

○○簡易裁判所　御中【注２】

少額訴訟による審理及び裁判を求めます。【注３】

本年，この裁判所において少額訴訟による審理及び裁判を求めるのは初めてです。【注４】

〒000-0000　○○県○○市○○町○○-○
原　　告　○　○　○　○　印
電　話　000-000-0000
ＦＡＸ　000-000-0000

原告に対する書類の送達は，上記住所に宛てて行ってください。【注５】

〒000-0000　○○県○○市○○町○○-○
被　　告　○　○　○　○

金銭支払請求事件【注6】
訴訟物の価額　　金５万0000円【注7】
貼用印紙額　　　金1000円【注8】

第１　請求の趣旨
１　被告は，原告に対し，金５万円及びこれに対する令和２年５月１日から支払済みに至るまで年○パーセントの割合による金員を支払え。【注9】
２　訴訟費用は被告の負担とする。【注10】
との判決及び仮執行宣言を求める。【注11】

第２　紛争の要点（請求の原因）【注12】
令和２年４月１日，原告が愛犬を連れて自宅の近所を散歩していたところ，被告の飼育する犬が近寄ってきて，原告の愛犬にかみつきけがを負わせました。
原告の愛犬は，行き付けの動物病院で治療を受け，治療費２万円を支払いました。
同月15日，被告は，被告が飼育している犬がかみついたことを認め，謝罪し，解決金３万円を含む合計５万円を損害の賠償として同月末日までに持参して支払うと約束して，念書を書きました。
ところが，同月末日までに，被告からの支払はありませんでした。
原告は，被告が支払うことを約束した５万円の支払を求めます。

以上

添付書類　念書【注13】

【注】
【注1】　請求額５万円に対応した，訴訟費用として，印紙１千円分を張ります。押印は不要です。
【注2】　少額訴訟ですから，簡易裁判所へ訴状を出します。本件の５万円の支払は持参債務ですから，債権者である原告の住所地を管轄する簡易裁判所に訴えを起こすことができます。
【注3】　通常の訴訟ではなく，少額訴訟として訴える場合に記載が必要です。
【注4】　少額訴訟を起こせる回数制限を超えていないことを示す意味で

記載します。

【注５】 送達場所の記載。裁判所から，書類を送ってもらう宛先を記載することになります。

【注６】 請求する事件の名前を記載します。

【注７】 原告が，訴えで主張する利益を金銭に見積もった額を記載します。手数料（貼用印紙額）算定の根拠ともなります。

【注８】 裁判所に納付する申立手数料を貼用印紙額として記載します。貼用印紙額は，民事訴訟費用等に関する法律で決められており，手数料額の算定方法は，裁判手続の種類によって定められています。

【注９】 被告に対して請求する金額を記載します。事前に決めた支払期限を過ぎても支払がなかったので，遅延損害金を請求することができます。民法の改正で遅延損害金の割合が年５％から年３％に引き下げられました。この割合は後日変動することがあります。

【注10】 印紙などの訴訟費用を，判決に従い被告に負担させるための記載です。

【注11】 請求の趣旨の内容の判決と，判決の確定前に仮に執行ができることを求める記載です。

【注12】 どのような事件が起こって，どのような根拠に基づいて請求しているかを記載します。

【注13】 証拠として，被告が作成した念書を添付する旨の記載です。

以上

少額訴訟の訴状の定型の書式は，裁判所のホームページからダウンロードすることができます。

https://www.courts.go.jp/vc-files/courts/file2/2019.sojo.songai.pdf

第2章　交通事故に係るトラブル

事　例

令和２（2020）年４月１日午後６時20分頃，Ｘが家の近くの道を愛犬連れで散歩していたところ，背後から走ってきた前方不注意のＹが運転する自動車に，愛犬が路上でひかれてしまい，即死してしまいました。慰謝料などを請求したいと思っています。

第1　事件処理の流れ

1　とり得る手段

(1)　通常民事訴訟

ア　手　続

交通事故の被害の大きさにより，選択する訴訟手続が変わってきます。飼い主が，犬と一緒にひかれて長期入院し後遺症が残るような，人身事故を伴う大きな事件では，請求額は140万円を超えることになると考えられ，地方裁判所に訴えを起こすことになります。請求額が140万円以下であれば，原則として，簡易裁判所へ訴えを起こすことになります。そして，請求額が60万円以下であれば，簡易裁判所へ少額訴訟の手続で訴えを起こすことができます。

東京地方裁判所と大阪地方裁判所には交通事故に関する訴訟を専門的に取り扱う専門部があります。交通部では，交通事故の案件を多数扱っています。裁判官も，交通事故案件を多数扱っていますから，裁判手続がよりきめ細かくより迅速に進むこと等が期待できます。

イ　管　轄

どこの地方の裁判所に起こすか，管轄の選択が必要です。一般の裁判では，被告の住所地に起こすことができます（民事訴訟法４条１項）。交通事故のような不法行為の事案では，不法行為地にも裁判を起こすことができます（同法５条９号）。そして，財産上の請求をすることになりますから，義務履行地となる債権者である原告の住所地でも裁判を起こすことができます（同法５条１号）。

例えば，東京に住んでいる飼い主が，実家のある神奈川県で犬を散歩させていたときに，埼玉県に住むドライバーの車にひかれた場合，東京，神奈川，埼玉のいずれの裁判所においても訴訟を起こすことができます。原告にとって，都合のよい裁判所を選んで訴えを起こすことになります。

本事案では，飼い主はけがを負っていないので，人損事故には当たらず，物損事故に当たります。物損事故であっても，交通事故ですから警察への報告が必要になります（道路交通法72条１項）。

ウ　収集する資料（証拠収集，事故証明，診断書）

交通事故に関しては，多数の裁判例があります。それらの裁判例を参考にしてまとめた書物が幾つかあります。よく利用されている本として，通称青本と呼ばれる『交通事故損害額算定基準』（日弁連交通事故相談センター本部編）と赤い本と呼ばれる『民事交通事故訴訟　損害賠償額算定基準』（日弁連交通事故センター東京支部編）が有名です。これらの本を調べれば，物損，人損のそれぞれの場合の損害の例や裁判所の認めた損害額，過失割合等が分かります。

例えば，治療費・付添看護費・通院交通費・葬儀関係費用などの積極的損害，休業損害・後遺症による逸失利益・死亡による逸失利益などの消極的損害，慰謝料，物損，過失相殺などについての裁判例が示されています。

エ　主張・立証のポイント（訴状作成のポイント）

前提問題として，犬をひいた自動車を特定することが必要です。自動車を運転するドラバーからすると，犬は小さくて見えにくいことがあります。ドライバーは，歩行者には注意するものの，歩行者が連れている犬にまでは注意が行き届かないことがあります。チワワ等の小型犬，そして，夜間における黒色の犬になると，気が付きにくいことがあるでしょう。また，小型犬の場合は，自動車のタイヤでひいても，空き缶を轢いたときと同じような感覚で，他人の大切な犬をひいたことに気付かないこともあるようです。さらに，ドライバーの中には，道路に飛び出してきた犬の方が悪いとの考えを持ち，止まらずに走り去ることもあり得るでしょう。犬のひき逃げの場合は，加害者である自動車のドライバーを特定する必要があります。その自動車のナンバープレート，車種，色などの情報を記憶しておく必要があります。ナンバープレートを正確に記憶しておけば，その情報によりその自動車の所有者を特定することができます。最近は，防犯用のカメラが多く設置されていますので，その情報を使わせてもらって自動車やドライバーを特定することが考えられます。目撃証人や警察の協力を得ることも有用でしょう。

本事案は，物損だけですが，他人の生命又は身体を害した人身事故の場合は，いわゆる運行供用者の責任を追及することもできます（自動車損害賠償保障法３条）。

被告として考えられるのは，自動車のドライバー自身，ドライバーの使用者などが考えられます。例えば，宅配業者の車に配達の途中で，犬がひかれた場合は，その宅配業者を被告とすることもできます（民法715条）。

⑺　主張すべきこと

加害者との間には，契約関係がないので，不法行為責任を追及することになります（同法709条）。

主張すべきことは，基本的には，ドライバーの前方不注意などの過失，原告である飼い主が被った損害，そして，過失により損害が生じたという因果関係です。その他にも，不法行為としての違法性の存在，加害者の不法行為能力等があります。これら主張すべき内容は事案によって異なります。

⑴　加害者の過失を立証する方法

目撃者の陳述書，証人尋問手続等が必要となることもあるでしょう。既に，警察に届け出ている場合には，交通事故証明書や物件事報告書を取り寄せることも必要です。人身事故の場合は，警察が作成した実況見分調書，取調調書を取得することも有用です。

損害の立証としては，基本的にその事件に関連して出費をしたときには，その支出の領収書を確保しておくことが必要です。実際に出費した場合は，裁判所に損害として認められやすく，損害額の立証も容易です。

負傷した犬を動物病院に連れて行き，手術等の治療費を支払った場合は，その治療費の領収書（診療明細書）が立証に役立ちます。さらに，交通事故により手術が必要となった旨などが記載されている詳細な診断書があると有用です。獣医師は，症状としての客観的な事実を記載するのが通常で，目撃していない交通事故などの原因を記載することにちゅうちょすることがあるようです。事情を説明して，交通事故により負傷したことが明らかになるような診断書を書いてもらえるように努力することが必要です。診断書としては，詳しいことを書くことが難しい場合には，意見書として具体的なことを書いてもらえるようにすることも考えられます。

飼い犬が入通院する場合に，飼い主は，犬を連れて病院に通います。その際の交通費も損害と考えられます。事故がなければ，支出しなくて済んだからです。バスや，電車で通った場合，その領収書があれば，それをそろえます。電車の場合は，領収書をもらいやすいと思いますが，バスの領収書はもらい損ねてしまうことがあるでしょう。そのような場合は，パソコンソフトで経路案内等を利用してバス代金を立証することも考えられます。

交通費の中でもタクシー代については，裁判所は容易に認めてくれないことがあります。電車やバスでなく，タクシーを利用せざるを得ないことの立証も必要なります。バス，列車の利用が不便であること，バスや列車には乗れないほどの大型犬であること，重症でありケージに入れての移動が不可能である等タクシーを使用せざるを得なかったことの立証も必要となるでしょう。

ペットの通院の際の交通費だけでなく，ペットが入院している期間に，お見舞いに通った飼い主の交通費（１万円）を損害として認めた裁判例（ただし，獣医療過誤に関する事案）もあります（東京高裁平成20年９月26日判決（判タ1322号208頁））

(ウ)　飼い主の慰謝料請求

飼い犬が，自動車にひかれて死亡してしまった場合，飼い主が被った精神的苦痛について慰謝料が認められることがあります。

それでは，飼い犬が幸いにも死亡しなった場合，飼い主は慰謝料を請求できるでしょうか。結論は，事案にもよりますが，請求できると考えられます。裁判例では，死亡に至らず負傷したにとどまる事案でも，飼い主の慰謝料を認めています。愛犬が後ろ足を骨折して車椅子を利用せざるを得なくなったような後遺症を残す場合であれば，慰謝料が認められるものと考えられます。

第１編第１章「ペットの民法上の取扱い」でも触れましたが，ペットは，法律上は物に分類されます。物損の場合は，その物の時価賠償をすれば飼い主の精神的苦痛は慰謝されるので，別途慰謝料を支払う必要がないとするのが原則です。ところが，我が子同然に飼育している飼い主がペットを失ったときの精神的苦痛は甚大であり，また，飼育中のペットの時価が低い若しくは算定が難しいことから，飼い主の精神的苦痛を金銭で慰謝するために，慰謝料の支払が認められることがあります。

ペットが死亡せずに負傷を負ったにすぎない場合，飼い犬が腰椎圧迫骨折に伴う後肢麻痺の傷害を負った事案で，飼い主１人当たり20万円の慰謝料を認めた裁判例があります（前掲名古屋高裁平成20年９月30日判決（交民41巻５号1186頁））。また，車椅子の製作料２万5000円についても相当因果関係の有る損害と認めています。

オ　想定される反論と対応

(ア)　ひかざるを得なかった

被告から主張され得る反論としては，ひかざるをえなかったとの主張が考えられます。

犬が突然道路上に走ってきた，ひくのを避けるためには急ハンドルを取らなければならないが，そうしたら対向車と衝突する危険があった等の主張です。最終的には，ドライバーに過失があったか否かの問題になります。原告としては，リード（綱や鎖の意味）で制御していたから，道路に飛び出してはいない等と再反論することになります。リードが長過ぎないこと，短く，しっかりと握りしめていた等の状況も主張することになるでしょう。

また，事故のときの状況を見ていた目撃証人の陳述書を取得して書証として提出し，証人として尋問することを申請することも有用でしょう。目撃証人としては，当然原告にとって有利になるような目撃をしている人を探すことになります。最近では，多くの自動車にドライブレコーダーが付いています。被告の車にドライブレコーダーが搭載されているときには，それを証拠として提出するように促すことも考えられます。

ドライブレコーダーは，裁判においても信用性の高い証拠として扱われています。録音を含めた映像の再生により事故の状況が，客観的に把握できるからです。映像を見れば，犬が飛び出したか否か，ハンドルを切ったか否か等の事情が分かります。商品の性能にもよりますが，時刻を記録するもの，音声も録音できるもの，走行スピードが分かるものなどもあります。走行スピードに関しては，これまでは，ドライバーの言い分，目撃者の印象に左右されるところがあり，正確な数値を把握することは難しかったと思います。ドライブレコーダーで事故時の状況として，走行スピードも把握できれば，スピードの出し過ぎ，徐行していなかったことなどの立証が容易になります。

⑴　財産的価値はなく，損害は生じていないとの反論

飼育途中の犬には，市場がなく，お金を出してまで譲受けを希望する人がほとんどいないことから，事故直前の時価はゼロ円だと反論されることもあります。

確かに，一般的には，ペットの市場はなく，時価を算定するのが

難しいのが現状です。しかし，ペットショップで高額で購入したこと，その後，しつけ教室などに通い多額の費用をかけてきたこと，血統書があり，ショーでも多数回優勝してきたことなどを立証して，財産的価値のあることを主張することになります。

仮に，財産的価値がない若しくは低いと判断される場合には，慰謝料額がより高額に認められるべきことを再反論することになります。物損の場合には，時価賠償をすれば，所有者の精神的苦痛は補われると考えられています。ところが，ペットの場合，飼い主が愛情をかけて育てているにもかかわらず，時価賠償がない若しくは極めて少ないとすれば，それだけでは，飼い主の精神的苦痛は補われません。それゆえ，慰謝料を認めることが必要になるのです。原告としては，飼い主として愛情をかけてきたことを具体的に主張・立証することになります。

㈦　過失相殺（ノーリードで飛び出した事案）：名古屋地方裁判所平成13年10月１日判決（交通事故民事裁判例集34巻５号1353頁）

被告から，原告側の過失を主張されることが考えられます。犬のリードの制御が不十分だったなどとの主張です。伸縮式などのロングリードを使っていたため，犬の行動をコントロールできずに，車道に飛び出した等の反論です。もちろん，ノーリードにしていた，檻から逃げ出した場合も，飼い主の過失が問われます。原告に，保管上の過失がないことを，主張・立証することになります。

名古屋地方裁判所平成13年10月１日判決（交通事故民事裁判例集34巻５号1353頁）では，被害車の走行中，前方に犬が急に飛び出しその前部中央から左側部分に衝突したことによる被害者の車両損害の賠償請求をした事例において，犬を車道に飛び出させた飼い主の過失に主たる原因があるとして，被害車運転者にも前方不注視などの過失を２割とし，飼い主の過失は８割とする判断を示しました。犬がノーリード状態となり，車と接触した場合には，８割の大幅な過失が飼い主にあることになってしまうこともあるのです。

前掲名古屋高等裁判所平成20年９月30日判決（交通事故民事裁判例

集41巻５号1186頁）では，自動車に犬を乗せているときに，他の自動車によって追突され，犬が座席において負傷するなどの被害を受けた事案で，座席にいた犬がシートベルトをしていなかったとして，被害者側の過失として１割を認めた裁判例があります。自動車の座席のシートベルトは人用に設計されていますので，そのままでは犬には使用できません。チャイルドシートのような犬専用の椅子にシートベルトを固定する，犬をケージに入れてケージを固定する，犬にシートベルトを取り付けられるような服などを着せるなどして負傷をできるだけ軽減させる対応が求められることになります。

【訴状例】

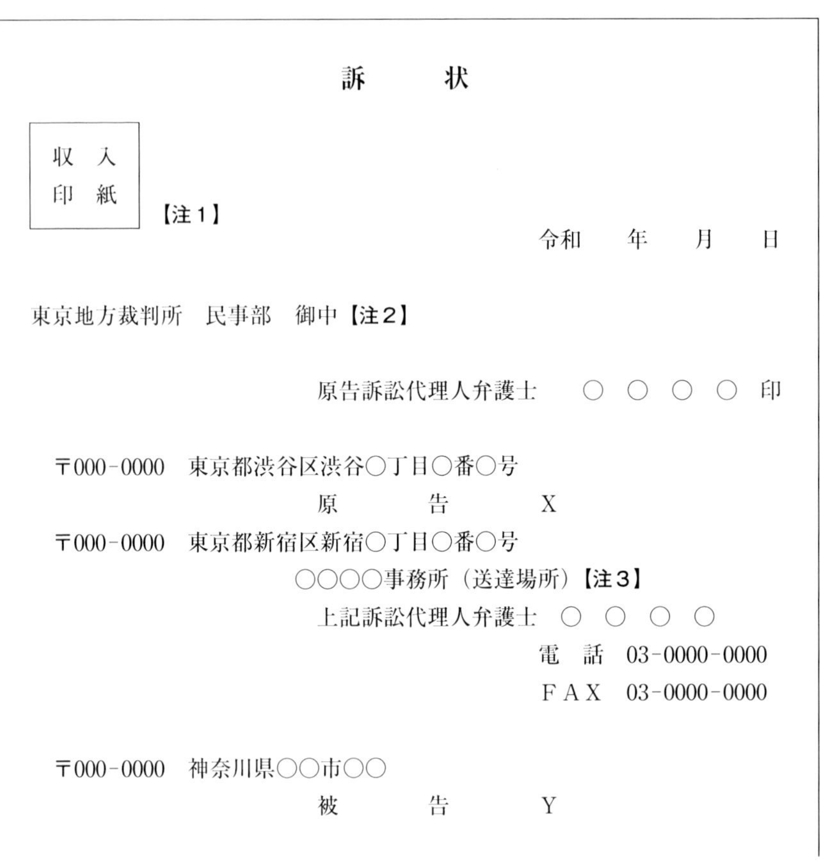

訴　　　状

収　入
印　紙

【注１】

令和　　年　　月　　日

東京地方裁判所　民事部　御中**【注２】**

原告訴訟代理人弁護士　　○　○　○　○　印

〒000-0000　東京都渋谷区渋谷○丁目○番○号
原　　　　告　　　　X

〒000-0000　東京都新宿区新宿○丁目○番○号
○○○○事務所（送達場所）**【注３】**
上記訴訟代理人弁護士　○　○　○　○
電　話　03-0000-0000
ＦＡＸ　03-0000-0000

〒000-0000　神奈川県○○市○○
被　　　　告　　　　Y

損害賠償請求事件【注4】
訴訟物の価額　　金159万7200円【注5】
貼用印紙額　　　金1万3000円【注6】

第1　請求の趣旨【注7】
1　被告は，原告に対し，金159万7200円及びこれに対する令和2年4月1日から支払済みに至るまで年分の割合の金銭を支払え。
2　訴訟費用は被告の負担とする。【注8】
との判決及び仮執行宣言を求める。【注9】

第2　請求の原因
1　事故の態様【注10】
(1)　被告は，次のとおり交通事故（以下「本件交通事故」という。）を起こし原告の飼育している犬をひいた。
事故発生日時　　令和2年4月1日　午後6時20分頃
事故発生場所　　東京都渋谷区○○　○-○
加　害　車　両　　普通乗用自動車
運　転　者　　被告　Y
被　害　犬　　シェットランド・シープドッグ（通称○○）5歳，雄，血統書有（以下「本件犬」とする。）
事故の態様　　原告が，飼育している本件犬を，自宅の近所の路上を散歩させているとき，前方不注意の被告が運転する自家用車が走行してきて，本件犬を路上でひき死亡させた。
(2)　被告の過失【注11】
自動車の運転者は，前方を注視し，進路の安全を確認しながら進行すべき注意義務を負うところ，被告は，同義務を怠り，前方を十分注視せず，進路の安全確認不十分のまま進行した過失により，路上を散歩していた本件犬に気が付くことなく本件交通事故を起こした。
2　本件交通事故の結果，原告に次のような損害が生じた。
(1)　逸失利益
ア　本件犬の時価（30万円）【注12】
原告が飼育している犬が死亡し，財産的価値を喪失した。原告は，本件犬を，平成27年3月31日，ブリーダーから血統書付きとして金40万円で購入した。シェットランド・シープドッグの平均寿命は15

年とされている。本件犬は，本件交通事故に遭遇しなければあと10年は生存できたはずである。それゆえ，時価は少なく見積もっても，30万円である。

イ　失った交配料（５万円）【注13】

本件犬は，血統書付きであり，原告の知人から，交配を依頼されており，交配料として５万円を受け取ることになっていた。しかし，本件事故で死亡したことにより交配料を得られなくなった。

⑵　葬祭費用（５万円）【注14】

本件交通事故により，本件犬の死体を火葬などする必要があり，葬祭費用として金５万円を支出した。

⑶　治療費（５万円）【注15】

原告は，愛情をかけて飼育していたペットを突然失って，パニック障害となり，心療内科へ通院治療の必要が生じ，治療費５万円を支出した。

⑷　交通費（2000円）【注16】

上記通院を５回行ったことにより，バス代片道200円が必要であり，合計通院交通費として2000円を支出した。

⑸　慰謝料（100万円）【注17】

原告は，５年にわたり本件犬を我が子同然にかわいがり飼育し，本件犬に関する日記を毎日つけ，どこへ行くにも一緒に行動するほどだった本件犬を，本件交通事故により，突然に死別したことから甚大な精神的苦痛を被り，パニック障害となり診療内科へ通院治療の必要となった。これらの精神的損害を金銭で慰謝するには，少なくとも金100万円が必要である。

⑹　弁護士費用14万5200円【注18】

本件訴訟遂行を弁護士に委任せざるを得なくなった。弁護士費用としては前記請求額の１割である14万5200円が相当である。

4　よって，原告は，被告らに対し，不法行為の損害賠償請求権に基づき，金145万2000円及びこの金額に対する令和２年４月１日から支払済みまで年３分の割合による遅延損害金の支払を求める。【注19】

以上

証　拠　方　法

1　　甲第１号証　交通事故証明書【注20】

2　　甲第２号証　事故現場の見取図【注21】

3　　甲第３号証　血統書【注22】

4	甲第４号証	領収書【注23】
5	甲第５号証	犬の寿命【注24】
6	甲第６号証	陳述書【注25】
7	甲第７号証	領収書【注26】
8	甲第８号証	診断書【注27】
9	甲第９号証	領収書【注28】
10	甲第10号証	領収書【注29】
11	甲第11号証	陳述書【注30】

付　属　書　類【注31】

1	訴状副本	１通
2	甲第１号証～第11号証（写し）	各２通
3	訴訟委任状	１通

【注】

【注１】　請求額159万7200円に対応した，訴訟費用として，印紙１万3000円分を貼ります。押印は不要です。

【注２】　被告の住所は神奈川県ですが，原告の住所と事故現場が都内であり，また請求額が140万円を超えるので東京地方裁判所へ訴えを起こします。

【注３】　訴訟代理人と送達場所の記載。裁判所から，書類を送ってもらう宛先として訴訟代理人の住所等を記載します。

【注４】　請求する事件の名前を記載します。不法行為に基づく損害賠償請求ですから，このように記載します。

【注５】　原告が，訴えで主張する利益を金銭に見積もった額を記載します。手数料（貼用印紙額）算定の根拠ともなります。

【注６】　裁判所に納付する申立手数料を貼用印紙額として記載します。貼用印紙額は，民事訴訟費用等に関する法律で決められており，手数料額の算定方法は，裁判手続の種類によって定められています。

【注７】　判決の主文としてほしい内容を記載します。

被告に対して請求する金額を記載します。事故日からの遅延損害金を請求することができます。民法の改正で遅延損害金の割合が年５％から年３％に引き下げられました。この割合は後日変動することがあります。

【注８】　印紙などの訴訟費用を，判決に従い被告に負担させるための記載です。

【注９】　請求の趣旨の内容の判決と，判決の確定前に仮に執行ができることを求める記載です。

【注10】　どのような交通事件が起こったのか，事故の事実を記載します。

【注11】　被告の過失の内容を書きます。本件交通事故では，前方不注意という過失と記載するだけで足りるかもしれませんが，過失については，被告からの反論が予想されますので具体的に書いてみました。

【注12】　損害のうち，逸失利益として，本件犬の時価を記載します。

飼育している犬の市場がないので，取得価格・平均寿命・年齢から算出してみました。

我が子同然の犬を金銭で評価することを好まない飼い主の場合は，請求しないという選択もあり得ます。

【注13】　逸失利益として，得られたであろう交配料を損害として加えました。

【注14】　葬祭費用を損害として記載します。裁判所が判決において全額を認めてくれないかもしれませんが，全額認めてくれるかもしれないので，とりあえず全額を記載しました。

【注15】　原告自身は，自動車にひかれたわけではありませんが，本件交通事故により，精神的な治療が必要になったので，支払った治療費を損害として記載します。

【注16】　原告が治療のために病院へ通った交通費を記載します。

【注17】　原告が被った精神的苦痛への慰謝料を記載します。

病院へ通った通院慰謝料と，本件犬を失った苦痛に対する慰謝料の両方が考えられます。

この２つの慰謝料を別建てにすることもありますが，ここでは，原告の慰謝料としてまとめて記載しました。

ペットが死亡した場合の慰謝料は人の子供が死亡した場合の慰謝料に比べてはるかに低額ですが，原告のなるべく高額な判決を得たいとの希望から60万円を請求することにしました。交通事故の裁判例では，飼い主の慰謝料を10万円しか認めないものもあります（東京地裁平成24年９月６日判決判例集未登載）が，願いを込めて高めに請求しています。飼い主の中には，1000万円くらい請求したいと希望を述べる方がいるかもしれませんが，高額過ぎる請求は適切ではないでしょう。他の裁判例を示すなどして，飼い主を説得する必要があります。

【注18】 不法行為の請求において，事件の内容が複雑で弁護士を委任することがもっともな事案では，判決においてその認容額の１割相当の弁護士費用を被告に負担させることがあります。原告の請求額の１割程度を，弁護士費用として記載します。

【注19】「よって書き」と呼ばれる項目です。

原告が，被告に対して，どのような法的根拠に基づいて，どのような内容の請求をするのかを，整理して記載する部分です。

本件交通事故では，原告と被告とに間には契約関係がないので，不法行為に基づく損害賠償請求をすることになります。

遅延損害金については，事故日からの請求をすることになります。

【注20】 本件事故の具体的な内容を立証するために，交通事故証明書を取得して証拠として提出します。

【注21】 本件交通事故は，人身事故ではないので，実況見分調書は作成されていないでしょう。裁判官に事故の具体的な状況，原告が立っていた位置，本件犬がひかれた位置などを分かってもらえるよう，原告が図面を作成して証拠化します。

被告からは，原告と本件犬が道路の中央に飛び出しており避けきれなかった等との反論が出ることもあります。このような反論を防ぐ意味，過失相殺が認められないように，原告には過失がないこと等を立証するためにも，分かりやすく正確な図面を作成する必要があります。

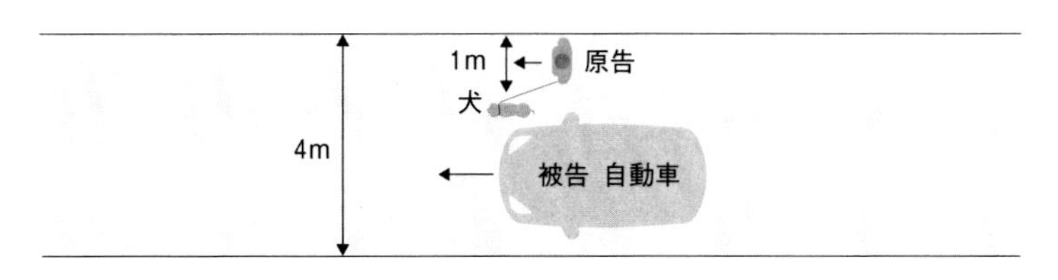

【注22】 本件犬を特定する意味，そして，時価評価においてより高額の

時価と評価してもらうために血統書を証拠とします。

【注23】 取得価格を立証するために，ブリーダーから購入した際の領収書を証拠とします。

【注24】 本件犬であるシェットランド・シープドッグの平均寿命が記載されている文献を証拠とします。複数の本があれば，複数出した方が認められやすくなります。これも，時価評価に関わる立証です。

【注25】 交配を希望していた人の陳述書です。逸失利益に絡み得られたであろう交配料が実際に存在していたことの立証です。交配予定があり，交配料を支払うことを約束していたことが記載された書面です。その書面のタイトルは「交配に関する証明書」でもよいでしょう。

【注26】 葬祭費用に関する領収書です。

【注27】 原告が，パニック障害に罹患したことを立証する，医師が作成する診断書です。本件交通事故日から不調を訴えた等，本件交通事故との関連性が分かる内容が記載されていることが望ましいです。

【注28】 診療内科に支払った治療費の領収書です。複数回通院して，複数の領収書がある場合は，「甲第９号証の１」と枝番を付けます。

【注29】 交通費に関する領収書です。バス代の領収書がない場合は，別な方法で金額を立証する必要があります。いわゆる交通系ICカードで支払った場合は，利用の履歴を印刷します。現金で支払った場合は，乗車区間のそのバス会社の乗車料金が分かる資料を証拠とします。

【注30】 原告の作成する本件犬に関する陳述書です。訴状の段階では，被告からどのような反論が出てくるか分からないので，事故の態様に関する内容に関してはまだ記載しない方がよいでしょう。原告本人尋問を念頭に置いた陳述書は，お互いの主張と証拠が出そろった頃に作成すればよいでしょう。ここでは，損害の立証として，原告が本件犬をどれだけかわいがっていたかを，裁判官に分かってもらうための陳述書を作成します。

【陳述書例】

陳述書

東京地方裁判所　民事部　御中

令和　年　月　日
原告　○　○　○　○　印

1　私は，シェットランド・シープドッグ（通称○ちゃん）を５年間，我が子同然に可愛がり飼育してきました。毎日日記を付け，どこへ行くにも一緒に行動してきました。本件交通事故により，○ちゃんと突然に死別したことから多大な精神的苦痛を被りました。悲しくて眠れない日が続き，パニック障害と診断されて診療内科へ通院治療しています。

2　令和２年４月１日午後６時頃，○ちゃんの散歩のため自宅を出て，本件事故が起きた現場にさしかかりました。私の後ろの方からスピードを出している自動車が走ってきました。私と○ちゃんのすぐ側を通ろうとしているので，危ないと思い，私の左側にいた○ちゃんのリードを引き寄せました。ところが，一瞬遅く，○ちゃんは被告の運転する自動車のバンバーに跳ねられてしまいました。頭部を強打したようで，即死でした。

3　私は，○ちゃんを，平成27年３月31日，ブリーダーから血統書付として金30万円で購入しました。シェットランド・シープドッグの平均寿命は15年とされています。○ちゃんは，本件交通事故に遭遇しなければあと10年は生存できたはずです。○ちゃんは，業者に頼んで火葬してもらいました。天寿をまっとうできなかった○ちゃんが不憫でなりません。

4　○ちゃんは，血統の良い子で，知人から交配を頼まれていました。交配料として５万円を受け取ることになっていました。しかし，本件事故で死亡したことにより交配は実現しませんでした。

診療内科へは，既に５回通っています。バス代は片道200円で，合計通院交通費として2000円を支出しました。

5　被告が，前方をより注意深く見ていれば，本件事故は起きなかったと思います。私は，今でも事故のことを思い出すと胸が締め付けられたように苦しみを感じています。

裁判官には，動物を愛する飼い主の心情を察していただき，公正な裁判をしていただきたいと思います。

以上

【注31】　裁判所に，提出する訴状の他に，被告に送達するための訴状の副本を付けます。被告の数が増えると，その分通数が増えます。
証拠は，裁判所用と被告用の各２通が必要となります。被告の数が増えると，その分通数が増えます。
訴訟代理人が訴訟を提起するので，原告の委任状が必要です。

⑵　簡易裁判所に提出する場合

請求額が140万円以下であれば簡易裁判訴の訴えを提起することも可能です。

⑶　少額訴訟での注意点（第２編第１章第３参照）

今回の例は140万円を超えていますが，60万円以下の場合は少額訴訟もできます。

少額訴訟では，１日で裁判が終わってしまいますから，事前に争点を整理し，被告からの反論を予想して，あらかじめ再反論しておくことが必要です。原告と被告の本人尋問だけでなく，証人の尋問もその日に行うことになりますから，目撃証人による証言が必要な事案では，都合をつけて裁判所へ来てもらう必要があります。証人とは，事前に尋問事項を想定して練習をしておくとよいでしょう。被告から，反対に尋問を受けることにもなりますから，被告からの反対尋問も事前に想定しておくことが必要です。

第２　裁判例（と損害賠償額）

１　はじめに

犬が交通事故に遭遇する事例は多く裁判例も多数あります。猫の交通事故の裁判例はあまり見かけません。室内飼いが多くなり，犬と違って散歩させる飼い主が少ないからでしょう。犬の交通事故では，古いものでは明治時代のものがあります。

2　裁判例

⑴　明治時代の裁判例：東京控訴院明治45年１月13日判決

自動車で飼い犬をひき殺した被告に，第三者の買い受け申込金額分を損害として認め賠償を命じました。原告がポインターの雑種である愛犬を連れて，朝方に散歩をしていたところ，被告が，原告が連れていた犬に気付かないまま自動車を運転して突進し，その犬の後ろ足から轢殺した事案です。裁判所は，自動車を運転するにあたっては，公衆の生命身体及び財産に対し危害を及ぼすおそれが著しいことから，このような危害が及ぼさないように注意せねばならない。被告はこのような注意義務に反したので，被害犬の価値500円を賠償すべきである。ただし，財産以外の損害は認められないので，慰謝料請求は認められないとの判決をしました。明治43（1910）年３月25日午前８時30分頃の出来事でした。東京都内の赤坂見附の混み合っていない広い公道であり，容易に犬を避けて自動車を進行できたと認定しました。この犬に対しては，金500円で買い受けたいとの申入れがあったとのことです。葬儀等費用の請求については証拠がなかったことを理由に認められていません。

明治時代から，公道で車が犬をひき殺した場合には，損害賠償の対象になっていました。この事案では，その犬を買い取りたいとの希望者がいたとのことです。その購入価格が財産的損害と認められました。当時の500円は，相当に高額だと思います。比較的高額な賠償が認められたから，精神的損害はないと判断されたのでしょうか。

葬儀費用は，認められていませんが，領収書などの証拠さえあれば認められた可能性があります。この頃も愛犬の死に際して，葬儀があったことが分かります。

自動車が日本に輸入され始めた頃，米国でT型フォードが発売（明治41（1908）年）された直後の事件です。この頃から，人だけでなく，犬であったとしても，ひき殺してしまえば過失責任が生じていたことになります。

ちなみに，この裁判例は，著者が調べた限り，我が国でペットに関する最も古い裁判例です。

⑵　過失相殺：広島高等裁判所昭和29年２月19日判決（高等裁判所民事判例集７巻３号269頁）

発情期の牛を引いて歩く者が，自動車に注意せず待避もしないのは，牛の衝突による負傷について過失があると判断しています。幅員２間の県道上において，原告の引く牛と，被告の運転する貨物自動車とがすれ違う際，自動車の車体の右側と車輪が牛に衝突し，結局牛は骨折等の傷害を受けた事案です。

牛の飼い主である原告から，損害賠償請求の訴えが起こされました。裁判所は，牛が自動車の爆音疾走等に驚愕して暴れることはあることで，本件事故発生現場のような幅員の狭い道路では自動車との衝突はあり得るので，自動車運転者には徐行する等の事故発生を未然に防止すべき義務があるのにかかわらず，被告はその義務を怠った過失があるとして，請求を認めました。他方，発情期にあった牝牛を連れていた原告にも，待避しなかった等の過失があるとして，過失相殺を認めました。

この牛は，ペットではなかったものと考えられます。比較的狭い道路を動物とすれ違うときには，自動車側に徐行義務を認めています。飼い主側にも，待避義務を認めており，過失相殺が認められた事案です。

⑶　過失・過失相殺・財産的損害と慰謝料：東京地方裁判所昭和40年11月26日判決（判例時報427号17頁）

ア　過　失

散歩中のダックスフントに車を接触させて即死させた運転者に注意義務違反があるとして，犬の価値３万円と慰謝料２万円の合計５万円の支払が認められた裁判例です。

原告の被用者が原告の飼犬を散歩させていたところ，走ってきた被告の被用者が運転するタクシーが，その犬の頭部に接触し即死させた事例です。

裁判所は，一般に道路上の犬に対して，歩行中の人に対する程に高度の注意を払う義務を自動車運転者に負わせることはできないが，犬に危害を加えないようにする一般的な注意義務があるのは当然で，ただし通常は犬の安全を確保する主たる責任は保管者側が負うという特殊性があるにすぎないと判断しました。本件では，タクシー運転手に過失があるものの，散歩をさせていた側も夜間に交通量の多い道に散歩に連れ出したという点で過失があるとも判断しました。結局，犬の時価10万円のうち７割を減じ，慰謝料については２万円の支払を認めました。

この事例では，「この事故で」飼い主「らが大声をあげたので右タクシーは徐行して，これを追って行った若い通行人が停車した同車の窓を叩いたが，その運転手は一度振りむいただけでそのまま走り去った」とあり，タクシードライバーがひき逃げしたことがうかがえます。ひき逃げした犯人を捜し出せたのは，「右通行人は同車のナンバーをひかえて」飼い主「に渡し，これを原告が警察に通報した結果翌日被告車の」「運転手が警察の取調を受けた」との事情がありました。

この裁判では，犬の散歩中における交通事故のドライバーのとるべき行為として，「一般に道路上の犬に対して，歩行中の人（特に子供）に対する程に高度の注意を払う義務を自動車運転者に負わせることはできない。しかし犬だからといってみだりに生命を奪ってよいという理はないし，ことに人の所有する畜犬は，法律上財産権の客体として，これに危害を加えないようにする一般的な注意義務があるのは当然であり，ただ後述するように，犬の安全を確保すべき主たる責任は通常はその犬の保管者の側が負うという特殊性があるにすぎないと解すべきである。」と判断しています。犬に対する場合は，人の子供に対する注意義務よりも一段低い注意義務を念頭に置いて，飼い主の保管責任を強調しています。

また，犬の価値に対する評価をしつつも「法律上財産権の客体」と表現しており，「物」「動産」としての扱いにとどまっているように思います。この頃は，命のある物という発想はなかったようです。そして，「犬の安全を確保すべき主たる責任は通常はその犬の保管者の側が負う」と基準を示して，基本的に，飼い犬の保護は，飼い主が行うべきであるとの判断を示しています。

ドライバーの過失について，「全然犬に気付かなかったとすればその点において既に過失があるというべきであるし，またかりに同運転手が犬の姿に気付いていたのであれば，少くとも警笛を鳴らして人と犬に注意を与え，必要に応じ適宜減速しあるいはハンドルを右に切る等，事故を防止する措置をとるべきであったのに，同運転手はこれらのいずれかを怠った過失により本件事故を生ぜしめたと推認せざるをえない（犬が予想外の形でとび出したというような事情は存しない）。」として，ドライバーの注意義務の内容を特定しています。

イ　飼い主側の過失（過失相殺）

裁判所は，「飼育動物の特殊性と現今の交通事情をも考慮すれば，一般に畜犬特に本件の犬のように平常屋内で愛玩の用に供されている小型の高級犬を飼育し散歩させる者は，できるかぎり車輌の交通の少ない安全な場所と時間を選んで散歩させるべきであり，もしやむなく本件事故現場のような歩車道の区別のない交通ひんぱんな道路を通行する場合には，犬と車輌の接触の危険を避けるため終始細心の注意を払うべきである。」と飼い主の注意義務に触れ，さらに「その意味で，この種の犬を道路における危険から守るための主たる注意義務者はむしろ犬の同行者ないし保管者であるということもできるであろう。」と判断し，飼い主に，飼い犬に対する高度の保護義務を認めております。

裁判所は，本件の事例において「夜間，右のような道路に高価な犬を散歩に連れ出したこと自体が」「過失である」と判断しています。「本件事故現場は国電蒲田駅に近く，歩車道の区別のない交通ひんぱんな道路であって，両側に商店等がつづき，現場附近の道幅は約13メートルある」ことが認定されています。夜間に交通量の多い道路で散歩させていただけで，飼い主に過失が認められたことになります。

さらに，裁判所は，飼い主について「事故当時右方から来る車輌に対する注意を怠り，漫然と道端に立っていたため犬を事故から救い得なかったことが明らかである。かかる被害者側の重大な過失は，被告主張のとおり損害額の算定にあたって斟酌すべきものである。」と判断しています。

飼い主について重大な過失があったと評価しています。この基準に従うと，犬の飼い主は相当な注意を注いでいない限り，過失責任を問われてしまうことになりそうです。この裁判では，ドライバーの過失を認めたものの，飼い主側にも重大な過失があり，過失相殺として7割の減額がなされています。

ウ　本件の犬の財産的価値

裁判所は「本件の犬は原告が昭和38年8月に65,000円で購入したものであるが，その後展覧会においてチャンピオン賞を獲得した結果，これを種雄に用いれば相当多額の交配料を得ることもできるようになり，このため事故当時の時価は100,000円程度はあった」と評価しました。購入価格を基礎に，ドッグショーのチャンピオン経験，交配料についても勘案して，時価を算出しています。この事例では，購入価格よりも高額の財産的価値が認められています。

エ　慰謝料

この裁判では，財産的損害の賠償の他に，慰謝料も認められています。裁判所は，「本件の犬はよく原告になつき，原告もこれを可愛がって夜もいっしょに寝ていたくらいであり，その死亡によって原告が精神的苦痛を受けたことを推認できる。さらに，被告が本件損害賠償請求に関し」「運転手の報告を楯に取って事故そのものを否認し，本訴訟においても終始原告の請求を理由なき言いがかりであると主張していること，このため原告の被害感情は一層刺激され，財産的損害の賠償のみをもっては到底これを鎮静するに由ないものであることは本訴の経過自体に徴して明白である。」「愛玩用動物の喪失による飼主の精神的苦痛は慰藉料請求権の基礎たり得るものと解す」「本件における一切の事情を考え合せると，原告の受くべき慰藉料の額は金20,000円をもって相当とする。」と判断しています。

犬の時価については，7割も過失相殺され，3万円に減額されましたが，慰謝料2万円が加算され，総額5万円の支払が命じられました。

⑷　犬から逃げようとした子供がひかれた事案：大阪地方裁判所昭和51年７月15日判決（判例時報836号85頁）

犬に飛びかかられ，路上に飛び出してしまい子供が事故に遭った事例で，運転手及び飼い主への損害賠償請求を肯定した事例です。

原告（10歳）は登校途中，被告Ａの飼犬の○○に襲われ，それから逃げようとして道路に飛び出た際，被告Ｂの車にひかれて傷害を負いました。裁判所は，被告Ａについて損害との間の因果関係を認めました。飼犬に襲われて路上に飛び出してきた小学生に衝突して負傷させた自動車の運転者被告Ｂについては，前方注視義務及び事故発生回避措置義務の両面においてこれを怠らなかったことすなわち事故車の運行について過失がなかったということができないとして，免責の抗弁を認めず，注意義務違反を認めました。この事案は，飼い主に放置されていた犬から逃げようとして道路へ飛び出した小学生が，車にはねられてしまった人身事故の事案です。

⑸　犬にもシートベルト：名古屋高等裁判所平成20年９月30日判決（交通事故民事裁判例集41巻５号1186頁）

第２編第１章第１でも触れましたが，裁判所は，犬を自動車の後部座席に乗せていたところ，追突され犬が負傷した事案で，治療費11万円や車椅子製作料２万５千円を認め，そして，原告らに子供がいないことを考慮して，原告２人に合計40万円の慰謝料を認めつつも，「自動車に乗せられた動物は，車内を移動して運転の妨げとなったり，他の車に衝突ないし追突された際に，その衝撃で車外に放り出されたり，車内の設備に激突する危険性が高いと考えられる。そうすると，動物を乗せて自動車を運転する者としては，このような予想される危険性を回避し，あるいは，事故により生ずる損害の拡大を防止するため，犬用シートベルトなど動物の体を固定するための装置を装着させるなどの措置を講ずる義務を負うものと解するのが相当である。」として１割を過失相殺しました。

犬と共に自動車で移動する際には，犬をケージに入れ，ハーネスなどを付けてシートベルトで固定して，事故時の衝撃を最小限にすることが求められます。

第3章　動物病院とのトラブル

事　例

飼育していた愛犬が糖尿病に罹り，かかりつけの獣医師に診療を依頼しましたが，獣医師がしばらく様子を見ることにしてインシュリンを打たなかったところ，危篤状態となり，手遅れで死亡してしまいました。獣医師に慰謝料などを請求したいと思っています。

第1　事件処理の流れ

1　とり得る手段

(1)　通常民事訴訟

ア　地方裁判所への訴え提起

獣医療過誤裁判の事例で，訴額が140万円以下の場合でしたら，簡易裁判所へ提起することも可能です。しかし，内容が複雑であるがゆえに簡易な手続には向かない側面があります。仮に，簡易裁判所に起こしても，相手方獣医師の申立て，若しくは裁判所の職権により地方裁判所へ移送されてしまうことが考えられます。地方裁判所でしたら，医療集中部に配点される可能性，通常部だとしても合議となり３人の裁判官により審理してもらえる可能性があります（上申書の記載例は第２編第１章第２・２を参照。）。

第１章第２「手続」にも記載しましたが，地方裁判所によっては医療集中部（医事部）があります。医療集中部では，医療に関する訴訟を数多く手掛けることになります。

裁判で，勝訴する確率を高めるためには，裁判官に獣医療のことを十分に理解してもらうことが大切だと考えられます。訴訟における主張は，獣医師である被告が理解できればよいだけでなく，裁判官にも理解してもらう必要があります。裁判官が理解できないとしたら，真偽不明の事案として，原告は敗訴判決をもらうことになってしまうでしょう。

獣医療過誤訴訟は，まだまだ珍しい部類の訴訟であると思っています。そのため，裁判官の理解を得るために，丁寧な準備が必要でしょう。

イ　飼い主（依頼者）に理解してもらいたいこと

獣医療過誤裁判は，極めて専門的な知識を必要とし，主張・立証を繰り返し１年以上かかることはよくあり，他の獣医師の協力を得にくいこともあり飼い主側の勝訴率は低く，たとえ勝訴しても数十万円程度しか認容してもらえないことが多く，経済的にはマイナスになること等の負担を伴うものであることを，飼い主に理解してもらう必要があるでしょう。飼い主は，最愛のペットに対してできるだけのことしてあげたい，獣医師に反省してもらい同様の過ちを繰り返してほしくない，いい加減な診療をした獣医師を許せない等の理由から，経済的にマイナスとなっても訴訟を起こしたいと思うことがあるでしょう。もっとも，動物病院で死亡したからといって，何でも訴訟に持ち込んでよいものではないと思います。担当の獣医師に，獣医療過誤があったこと立証できる準備がそろってから訴えを提起するべきでしょう。他の獣医師の意見を聞く，文献を調べるなどの準備が必要です。

ウ　どのような場合に，獣医師に獣医療過誤があるといえるか

獣医師と飼い主との間には，獣医療契約が成立します。これは，準委任契約に当たるとされており，獣医師には，獣医療行為について，善管注意義務を負う責任が生じます。善管注意義務とは，善良なる管理者における注意義務のことです。この善管注意義務に違反すことは獣医療過誤に該当すると考えられます。

それでは，獣医師が獣医療において善管注意義務に違反していると判断する際に，具体的にどのような基準があるのでしょうか。

法的には，獣医師の獣医療に対する一定の水準を念頭に置き，この

獣医療水準に従っていない場合，過誤があったとされています。

裁判所は，東京高等裁判所平成20年9月26日判決（判例タイムズ1322号208頁）において，具体的に次のような基準を示しています。

「獣医師は，準委任契約である診療契約に基づき，善良なる管理者としての注意義務を尽くして動物の診療に当たる義務を負担するものである。そして，この注意義務の基準となるべきものは，診療当時のいわゆる臨床獣医学の実践における医療水準である。この医療水準は，診療に当たった獣医師が診療当時有すべき医療上の知見であり，当該獣医師の専門分野，所属する医療機関の性格等の諸事情を考慮して判断されるべきものである」と基準を示しています。この水準を満たしていない場合には，注意義務違反，すなわち過誤となるのです。

医療水準は，動物病院の備える機材の違い，規模の違い，獣医師や動物看護師の人員の違いにより左右されることになるでしょう。最先端の海外の学説を知っていなければならないことにはならないと考えられます。日本国内で，普遍的に行われている獣医療を行っていればそれでよいことになるはずです。しかし，獣医療学も日進月歩で進化していますので，何十年も前に大学で教わった講義をそのまま実践していたからといって許されるものではなさそうです。卒業後の新しい診療の仕方を積極的に学び，現在の動物病院の獣医療水準に追いつく努力が必要でしょう。

1次診療（街中の小規模の動物病院）と2次診療（大学病院などの大規模な動物病院）とを比較すれば，おのずと獣医療水準に違いが出てくると考えられます。臨床獣医学の実践における医療水準に違いがあると考えられるからです。1次診療では，機材・設備が制限されているので，水準は低めに設定され，これに対し，2次診療では，機材等が調っているのでより高度な獣医療が行わるべきとされるでしょう。獣医寮の水準は，専門分野，時代，地域，人的及び物的設備の充実度によって左右されると考えられます。

それでは，獣医療過誤があったか，なかったかの判断は誰が行うのでしょう。

法治国家である以上，最終的には司法機関である裁判所により判断されることになると考えられます。

獣医師の多数意見，獣医師会の判断に委ねる，検討委員会を興して協議するなどの方法も考えられますが，裁判を起こした場合は，最終的には裁判所の裁判官の判断により決まることになると考えられます。裁判においては，獣医療に関する専門書などの文献，獣医師の意見書や陳述書，担当した獣医師の法廷における供述，他の獣医師の法廷における証言，場合によっては専門家である獣医師による鑑定などの手続により得た獣医療の知見を前提にして判断がなされることでしょう。

エ　収集する資料

(ア)　獣医学に関する文献

獣医療に関する文献を調べる必要があります。獣医療過誤があったと主張・立証するためには，獣医学に関する文献の裏付けが不可欠です。本件では，そもそも犬の糖尿病とはどのような病気か，どのような症状が出たらインシュリンを投与すべき段階なのか等を文献から調べる必要があります。人と犬の治療方針は似ているように思えるかもしれませんが，犬種によって診療の仕方が異なる場合もあるようで，人の医療の文献ではなく，獣医療に関する文献を調べる必要があります。獣医寮に関する文献は，図書館などで調べられるでしょう。協力してくれる獣医師がいたら，その獣医師の所蔵する書物をコピーさせてもらうこともできそうです。

これらの文献を参考にして，獣医師がどのような獣医療過誤を犯したのか，その主張を組み立てていくことになります。

(イ)　当該獣医師が行った獣医療行為に関する資料（カルテ，血液等の検査結果，レントゲン写真，エコー診断の写真，診断書，診療明細書，他の獣医師の意見書等）

獣医師の獣医療過誤を立証するために，具体的に獣医師が行った間違った診療行為を裏付ける資料が必要になります。誤った診療をしたことが記載されているカルテ（診療簿）などは，重要な証拠となります。

オ　獣医師のカルテの開示義務について

すでにカルテや諸々の検査結果等の資料が既に手元にあればよいのですが，ない場合どうするべきでしょうか。

獣医師に対して，カルテ等の資料のコピーを求めることもできるはずです。ではそもそも，獣医師には，カルテの開示義務があるのでしょうか。

カルテの開示義務を明確に定めた法律は見当たりません。しかし，獣医療契約という準委任契約に付随する債務として，飼い主いからカルテの開示について報告を求められたら，これに応じる義務があると考えることできるかもしれません（民法656条，645条）。また，飼い主の飼育するペットに関することといえども個人情報（データ）に該当すると考え，個人情報保護法に基づき情報の開示を求めることができるとも考えられそうです（個人情報保護法28条）。東京地方裁判所平成19年９月26日判決（判例集未登載）は，カルテの開示義務について，「民法656条，645条に基づく準委任契約上の報告義務は準委任事務処理状況の経過・顛末を明らかにすれば足りるものであって，カルテに記載の内容を逐一報告することを要するものではないから，これらの条文から当然に飼い主との間に診療契約を締結した獣医師にカルテの開示義務があるということはできないが，ペット動物に関する医療事故が発生したり，カルテの記載内容が問題とされたりするなど，カルテの開示・閲覧の具体的必要性があると考えられるような事情の存する場合には，獣医師において信義則上カルテ開示義務を負うことがある」として，準委任契約上の義務を否定したものの，信義誠実の原則（民法１条２項）を根拠に開示義務を認めました。日本獣医師会が作成した「小動物医療の指針」（平成14年12月12日制定）においても「飼育者から診療簿の開示を求められた場合には，積極的にこれに応じるように努めなければならない。」と定めています。

もっとも，時々弁護士から請求されない限りカルテを開示しないと拒む獣医師もいるようです。そのような場合には，獣医師会の資料などを提示しながら説得することが必要になります。

(ア)　改ざんの危険性

任意に，カルテ等の資料の開示を求めた場合，その場ですぐにコピーを取り渡してくれれば問題はありません。問題となり得るのは，コピーは渡すが，後日郵送するなどと対処し，その場で写しを渡してもらえない場合です。改ざんの危険性が生じます。後日，行ってもいない診療をしたように書き込んだり，獣医師に不利益な記載を削除したり，そもそも，カルテの紙ごと別なものに差し替える等の改ざんの危険性が生じるのです。通常の飼い主からカルテの写しを求められることはまれであるところ，殊更カルテの写し求めてくる飼い主に対しては，後にクレームを付けたり，訴訟を起こしてくるのではないかと危惧して，身構えることになるでしょう。そして悪徳な獣医師は，カルテ等の改ざん行為に走ることになります。仮に，獣医師に都合のいいように改ざんされてしまえば，訴訟においてもその改ざんされたカルテが証拠となり，飼い主の勝ち目は著しく減少することでしょう。

東京地方裁判所平成19年３月22日判決（裁判所ウェブサイト）では，診療記録（カルテ）等の信用性について，「カルテ等は，獣医師が，当該患獣の症状やそれに対する処置等を記録することにより，後の診療に役立てることなどを目的として，診療をしたその当時に作成するものであり，法令によってその作成及び保管を義務づけられているものであるから，その記載内容については，通常信用性が類型的に高いものとされている。」「しかしながら，（略）被告の記入したカルテは，鉛筆で記載されている部分とペンで記載されている部分があること，鉛筆で記載されている部分には，一部書き直されている部分もあること，また，プログレスノート及びマスターシートの裏面は，経時的に整理されて記載されていないため，どのような順序で記載されたのかが判読不可能な状態となっていること，診療とは直接関係しない記載もあることが認められ，これらのことからすれば，その体裁からして，被告の作成したカルテの信用性は，類型的に低いと解さざるを得ない」と認定しています。

これらの改ざんを防ぐ方法として，証拠保全手続があります。裁判所に申し立てて，裁判官が決定を出してくれた場合には，当日まで獣医師に知らせることなく，動物病院に，裁判官，書記官，申立代理人弁護士等が赴き，その場でカルテ等を提示させる訴訟上の手続です（民事訴訟法234条以下）。証拠保全手続をしておけば，その当日の存在したカルテ等の資料を保全できますので，仮に，その後獣医師が改ざんしたとしても，改ざんしたことの証明が容易になり，逆に，獣医師はその後に改ざんし難くなることでしょう。

証拠保全手続等の方法で，カルテ，血液等の検査結果，レントゲン写真，エコー診断の写真，診断書，診療明細書などの当該動物病院内にある資料を収集することができます。

このようにして集めた資料を基に，他の協力してくれる獣医師に，意見を求め，獣医療水準に劣る診療であるとの意見をもらえたら勝訴の可能性は高まり，訴訟提起という次の段階に臨むことになるでしょう。

⑷　協力してくれる獣医師の確保

一般の飼い主は，獣医療に関しては素人です。これに対して，相手方となる獣医師は，当然獣医療の専門家です。知識量では太刀打ちできません。相手方獣医師は，様々な文献を証拠として提出し，友人などの獣医師の協力のもと，相手方にとって有利な意見書を提出してくることでしょう。これらの獣医師の反論に対抗できるだけの，知識（知見）が必要となります。そこで，訴訟を行うには，飼い主に協力してくれる獣医師の存在がとても重要になるのです。ところが，他の獣医師に協力を求めても，簡単なアドバイスくらいはしてもらえるものの，いざ裁判に提出する意見書を書いてほしいとか，裁判で証人として供述してほしいと切り出すと，断る獣医師がとても多いのです。トラブルや裁判に巻き込まれることを避けているようです。訴訟を提起するにあたっては，協力獣医師を確保できるかが大きな鍵となります。

問題のある動物病院での診療に見切りをつけて，別の動物病院すなわち後院に診療を依頼した場合は，後院の獣医師に協力を求めてみるのがよいでしょう。仮に，後院の獣医師が協力してくれない場合は，裁判の手続の中で証人として申請し，法廷で宣誓の上で意見を聞く可能性もあります。

後院がない事案でも，セカンドオピニオンを求めた獣医師がいるのであれば，その獣医師に協力を求めてもよいでしょう。

(ウ)　協力してくれる獣医師がいない場合

協力してくれる獣医師を見つけられない場合は，立証の難易度にもよりますが，より文献を精緻に調べ，相手方からどのような反論が出ても反ばくできるだけの事前準備をする必要があるでしょう。

最近，人の医療過誤事件と同様に，獣医医療過誤の訴訟でも，裁判所が外部の獣医師と連絡をとり，第三者の獣医師に専門委員としての見解を求める事例があるようです。医療集中部のある裁判所では，人の医療の裁判において，争点の整理の段階で，知識を補充したりするために専門委員に説明を求めることをしているようです。これと同様の手続が，獣医療過誤訴訟においても利用できるようになり始めています。それゆえ，訴え提起時に，協力獣医師を見つけることができなくても，裁判の手続の中で，他の獣医師の意見を参考にすることはできそうです。

また，裁判の終局段階において，他の獣医師に鑑定を求める可能性もあります（民事訴訟法212条以下）。裁判における証拠としての文献や，獣医師自身の尋問を行っても，争点が解明できないときには，第三者である獣医師に鑑定をしてもらい意見を求めることができる制度があるのです。

これらの，専門委員，鑑定の制度を活用して，訴訟を進めることも可能でしょう。もっとも，専門委員や鑑定人が，飼い主に有利な意見を言うのか，不利な意見を言うのか，事前には分からないのです。訴訟を起こす初期の段階から，専門委員や鑑定人の意見をあてにすることは好ましいことではないと思います。専門委員や鑑定人の意見に頼ることなく，訴訟を進められるだけの十分な準備を行うことが重要でしょう。

カ　被告の特定

被告となる者が，獣医師個人であるか，法人であるかを特定する必要があります。

獣医療契約の義務違反を追及する場合，その契約の当事者が，個人であるか法人であるかを判断しなければなりません。動物病院は，通常○○動物病院などと看板を出していますが，個人経営の動物病院か法人の経営なのか，外観からは分かり難いでしょう。動物病院は，都道府県の知事に対して届出の義務があります（獣医療法３条）ので，しかるべき自治体の窓口に問い合わせれば，法人か個人かが分かるはずです。

キ　不法行為責任か債務不履行か

飼い主と動物病院との間には，準委任契約（民法656条）としての獣医療契約が成立しています。個人営業の場合は，当該獣医師が，法人になっている場合はその法人が契約当事者となります。そして，債務不履行責任を追及することになります。

担当した勤務獣医師は契約の当事者にならないことがあります。この獣医師を被告としたい場合は，不法行為責任を追及することになります（同法709条）。不法行為責任を追及する場合は，雇い主である獣医師や法人に対して使用者責任を追及することも可能です（同法715条）。

不法行為責任と債務不履行責任の双方の追及をすることも可能ですし，通常は，両方を主張することが多いと思います。どちらの構成を選択するかにより，遅延損害金の発生時期が異なります。

ク　主張・立証のポイント（訴状作成のポイント）

(ア)　対象となる動物の特定

訴状の最初に，当事者の説明を書くこともあります。訴状に登場する当事者を，裁判官に分かりやすく説明する趣旨です。その中で，対象となるペットの説明もしておいた方がよいと思います。ペットの「愛称名」「血統書上の名称」「犬種などの種類」「生年月日及び年齢」「性別」等の情報を記載するとよいでしょう。

⑷　診療経過

訴状には，どのような経緯で，動物病院で獣医療過誤が生じたのかを具体的に書きます。時系列にして書くと分かりやすいでしょう。全ての診療経過を記載する必要はなく，獣医療過誤に関わる経過だけ記載すればよいでしょう。診療経過は，取得したカルテ，診療明細書や日記などから，事実を拾い出して記載していきます。

⑸　過失と注意義務違反

獣医師の獣医療過誤に当たる過失・注意義務違反を書きます。過失・注意義務違反の内容は，訴訟が進行し相手方の反論や主張の出方により変わり得ることもありますが，訴え提起時において考えられる最も可能性の高い過失・注意義務違反を具体的に書くとよいでしょう。具体的に，誰が，いつの時点で，何をすべきだったのにこれを怠った，又は行ってはいけないのに行ってしまったなどと記載します。過失・注意義務違反を多数羅列させることは避けた方がよいでしょう。焦点がぼける印象があります。損害との間の因果関係があり且つ結果に一番近い時点の過失・注意義務違反に絞ることが重要です。死亡したことを損害と捉えるのであれば，死亡との間に因果関係のある過失・注意義務違反に絞り込まなくてはなりません。

⑹　因果関係

過失・注意義務違反と損害との間の因果関係を記載します。この因果関係を明らかにすることが，獣医師ではない原告にとっては，最も難しいことでしょう。獣医療過誤の内容として，過失・注意義務違反から，どのような病状を経て，死に至るかという機序，事実の連鎖を記載することになります。

例えば，本事例では，「重度の糖尿病であるから，血糖値等を改善するため，遅くとも○年○月○日にインシュリンを打つべきだったのにこれを怠り，高血糖のために多臓器不全に陥り死亡した。」このように具体的に，死に至る過程を記載する必要があります。損害を，死亡ではなく，重度の障害と捉える場合も同様です。獣医療過誤から重度の障害に至る機序を記載することになります。

損害を死亡と捉える場合，いかなる理由で死亡したか，いわゆる死因をどのように捉えるかも重要です。結局は，過失・注意義務違反と死因との間の因果関係を主張・立証しなくてはならないからです。ところが，この死因の特定が難しいことが多いと思います。人間と異なり，死亡後の解剖（剖検）することはほとんどなく，カルテの記載や，血液検査等の諸検査の情報だけで，死因を特定することが難しい場合があります。死因が幾つも考えられる，１つに絞れない場合，過失・注意義務違反との間の因果関係をどのように構成するかが非常に難しくなります。

㈽　解剖（剖検）について

ペットが死亡した場合，解剖（剖検）する飼い主は極めてまれでしょう。突然の死に接し，どうして死んだのかよく分からない，獣医師の責任を裁判で追及しようとはまだ思い至っていない場合，解剖して死因を特定して証拠化しようとまで思いがめぐる飼い主はほとんどいないでしょう。つらい思いをして死亡したペットに対し，更に解剖のために切り刻むのはかわいそうと考え，解剖をしないことを選択する飼い主が多いのです。

動物病院で不可解な死に至った場合，飼い主が解剖を希望した場合どうするか。その動物病院に解剖お願いすることも考えられますが，その結果として当該動物病院に都合のよい死因とされてしまう危険性があります。できれば，第三者に解剖を依頼することが望ましいです。ところが，他の大学の動物病院などに解剖を依頼しても，断られることが多いのが現状でしょう。他の動物病院で死亡したペットを解剖して死因を判断すると，場合によっては他の動物病院の治療方法が間違っていたことを意味し意見が対立することになり，動物病院間の紛争に巻き込まれてしまうことを恐れるという理由もあるでしょう。もっとも，ペットの解剖を仕事としている企業も出てきているようです。いずれにせよ，死亡後時間が経過し，腐敗するなどすると解剖しても得られる結果が減少してしまいます。死亡直後に飼い主から相談された場合は，解剖の要否，可否を検討することが重要でしょう。

飼い主の中には，死亡後に解剖を念頭に置き，死体を冷凍保存することもあります。しかし，凍結した後では，身体の損傷，臓器の大きさや色などは分かるとしても，更に細かい情報は取り出せないことでしょう。

㈲　損　害

結果としての損害を記載します。

獣医療過誤にあったペットの減少した財産的価値を損害とすることが考えられます。

第２編第１章第１で触れたように，ペットの時価の評価は難いでしょう。ペットは時価では評価できないとして，あえて逸失利益の請求をしない事例もありました。

獣医療過誤に関わる診療費は，支払う必要がなかったとして，既に支払った診療費を損害とすることもあります。

無駄であった診療のために使った交通費も因果関係が認められれば損害と考えられます。

同様に，葬儀費用も損害といえるでしょう。

飼い主が被った精神的な苦痛も損害となり，慰謝料を請求することになります。

㈹　請求する慰謝料の額

ペットが獣医療過誤で死亡した場合の飼い主に認められる慰謝料の額は，過去の裁判例ではそれほど高額ではありません。以前は数万円でしたが，平成の時代になってからは，飼い主１人当たり30万円，35万円，50万円というものも出ています。人の子供が死亡した場合の慰謝料として数千万円が認められるのに比べれば，はるかに低額です。飼い主の気持ちとしては，我が子同然，それ以上に我が子が死亡したときよりも悲しいと感じることもあり得なくはなく，ペットロス症候群などの症状に陥ることもあり，飼い主はより高額の慰謝料の請求を求めることでしょう。訴訟においては，裁判官にアピールする意味もあり，数百万円の慰謝料を請求することもあり得るでしょう。

ケ　想定される反論と対応

獣医師からは，まず，過失・注意義務違反は存在しないとの反論がなされるでしょう。これに対しては，当然ながら過失・注意義務違反の存在を再度主張し立証します。更に文献を探す，他の獣医師の意見書を取得する等して立証を補強することになります。

死因が不明，若しくは，原告が訴状に記載した死因以外にも死因があると反論されることもあります。前述しましたが，特に死体解剖をしていない場合は死因の特定は困難を伴うでしょう。他の獣医師による意見書の提出等新しい立証を検討しなければなりません。

獣医師が，別の死因を主張している場合には，仮に別の死因があるとしても，その場合でも獣医師の過失・注意義務違反及び結果との間の因果関係があるとの主張を，予備的に追加することも考えられます。

被告の獣医師としては，いろいろな主張をして結果的に真偽不明とすれば裁判で負けることはなくなることになります。原告としての飼い主は，真偽不明になったのでは勝てませんので，勝訴に向けて，死因，その死に至る機序を主張・立証することになります。

【訴状例】

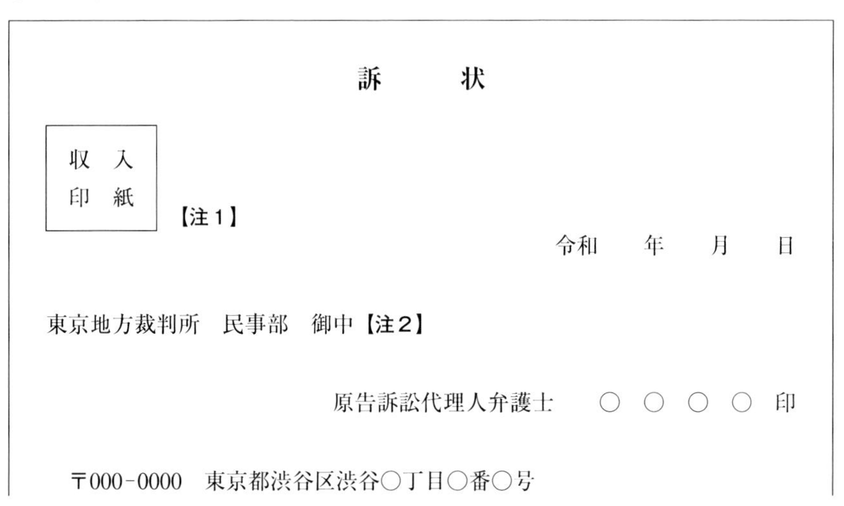

訴　　状

収入印紙【注１】

令和　　年　　月　　日

東京地方裁判所　民事部　御中【注２】

原告訴訟代理人弁護士　　○　○　○　○　印

〒000-0000　東京都渋谷区渋谷○丁目○番○号

原　　　告　　　X

〒000-0000　東京都新宿区新宿○丁目○番○号

○○○○法律事務所（送達場所）**【注３】**

上記訴訟代理人弁護士　○　○　○　○

電　話　03-0000-0000

ＦＡＸ　03-0000-0000

〒000-0000　東京都渋谷区渋谷○丁目○番○号

被　　　告　　　Y

損害賠償請求事件**【注４】**

訴訟物の価額　　金376万円**【注５】**

貼用印紙額　　　金２万4000円**【注６】**

第１　請求の趣旨**【注７】**

１　被告は，原告に対し，金376万円及びこれに対する令和２年４月１日から支払済みまで年３分の割合による金銭を支払え。

２　訴訟費用は被告の負担とする。**【注８】**

との判決及び仮執行宣言を求める。**【注９】**

第２　請求の原因

１　事実の経過

⑴　当事者**【注10】**

ア　原告は，平成○年○月○日生まれで，○○と名付けられた日本スピッツ（以下「本件患犬」という。）の飼い主であった。

イ　被告は，東京都渋谷区渋谷○丁目○番○号において○○動物病院（以下「被告病院」という。）を開業している獣医師である。

⑵　被告病院における診療経過**【注11】**

原告は，平成○年○月○日から，本件患犬を被告病院に通院させていた。

原告は，令和○年○月○日に被告病院で本件患犬の診療を受け，被告との間で，本件患犬に対し，糖尿病治療をはじめとする必要な治療，適切な医療行為を行うことを内容とする診療契約（以下「本件診療契約」という。）を締結した。

原告は，翌○日にも本件患犬の診療のために被告病院を受診し，本件患犬を被告病院に入院させることとなった。

本件患犬は，令和２年４月１日午後２時20分に死亡した。

2　原告の主張

(1)　概要【注12】

被告は，令和〇年〇月〇日の診察の時点及び翌〇日の被告病院入院以降，本件患犬の血糖値が高値を示し，糖尿病の典型的症状が出ているにもかかわらず，インスリンを投与せず，適切な治療を怠った。このため，本件患犬は，ケトアシドーシスとなり，令和〇年〇月〇日には完治不能の状態となり，翌〇日に心不全で死亡した。

(2)　糖尿病についての知見【注13】

犬の糖尿病の典型的症状としては，血液検査の結果，高血糖，ALP高値，GPT高値，Ｋ低値が見られること，食欲不振，おう吐，虚脱が挙げられる。犬の血糖値は，平常時には50から124mg/dl（以下，検査数値については単位を省略する。）が基準値とされており，150から200以上であれば高血糖であり，180以上の場合は重症な高血糖とされる（甲Ｂ１）。

糖尿病にはインスリン依存型とインスリン非依存型があるが，犬の場合はほとんどが依存型である。インスリンが体内で正常に作られないときにはインスリンの投与が必要であり，インスリンの投与が唯一の治療方法となる。インスリンにも効き目に応じて３種類あるが，血糖値が400に近い場合，又はこれを超える場合には速効型のインスリンを投与すべきである。犬の場合，食欲不振，脱水，嘔吐などの症状が現れた場合には糖尿病の症状が進行しているので注意が必要とされる（甲Ｂ１）。

インスリンを投与しないで放置すると，ケトン体が出てしまい，悪化してケトアシドーシスとなり，様々な合併症を引き起こすことから，ケトン体が出たときは緊急かつ集中的な治療が必要とされ，カリウム値などの電解質に注意しながらインスリンを投与するのがケトアシドーシス治療の常識であるとされる（甲Ｂ１）。

(3)　被告の責任

ア　被告の注意義務違反【注14】

a　原告は，令和〇年〇月〇日，たまたまＡ動物病院に立ち寄ったところ，血液検査で，肝疾患を患っていることのほか，血糖値が338と高血糖で，糖尿病であることが判明し（甲Ａ１），かかりつけの獣医にインスリンの投与量を決めてもらうように指示を受けた。そこで，同日，原告は，被告病院を受診した。

本件患犬の被告病院における血液検査の血糖値は，令和○年○月○日時点で365であり，翌○日の被告病院入院時は398，同日夕方には最高559を示しており，その後も高血糖値が継続している。

このような血糖値が高値を示している状況においては，被告は本件患犬に対し，インスリンを投与し，糖尿病の治療をすべき義務があったというべきである。にもかかわらず，被告は，食事療法を選択し，血液検査や生理食塩水の点滴，タガメット，オイグルコン錠（グリベンクラミド）の投与を行ったのみで，治療方針を変更せず，不適切な治療を継続し，インスリンの投与を行わなかった。本件患犬は，同月○日の夜以降，幾度となくおう吐し，虚脱状態であったことから，この時点で糖尿病性ケトアシドーシスと判断すべきであり，インスリンによる緊急治療が必要であった。被告はこのことに気付かず，病状を軽視したのである。

b　被告は，高血糖であれば血液検査を頻繁に行うべきところ，令和○年○月○日以外は１日１回しか行っておらず，また，糖尿病の悪化に伴って増加するケトン体を調べるために頻繁に尿検査を行うべきであったのに，尿検査も怠った。さらに，オイグルコン錠は，人間用の経口薬で，重症ケトーシス，糖尿病性昏睡又は前昏睡，インスリン型糖尿病，重症な肝機能障害の患者に対しては禁忌薬であり（甲Ｂ１），高血糖治療として経口血糖下降剤は効果がないとされており（甲Ｂ２），糖尿病の治療とはいえない内容である。

イ　因果関係**【注15】**

被告が，不適切な治療を継続したため，本件患犬はケトアシドーシスが悪化して多臓器不全になり，完治不能となった。

被告がインスリンを投与し，オイグルコン錠を投与しなければ，本件患犬が死亡することはなかったのであり，被告の注意義務違反（過失，債務不履行）と本件患犬の死亡との因果関係は認められる。

ウ　まとめ

よって，被告は，原告に対し，不法行為又は本件診療契約の債務不履行に基づき，原告に生じた損害を賠償する責任を負う。

３　原告の損害及び損害額

⑴　ア　逸失利益　30万円**【注16】**

本件患犬は，血統書付きの血筋のよい犬で（甲Ｃ１），幼少の頃から日本スピッツ協会から数多くの賞を受賞し（甲Ｃ２），感謝状ももらっており（甲Ｃ３），平成○年○月○日には同協会のチャンピオンに輝き（甲Ｃ４），同日同協会から種犬認定を受けた（甲Ｃ５），非常に優秀な犬である。

死亡当時９歳であり，まだ繁殖可能な年齢であり，財産的価値としては，少なくとも30万円と評価するのが妥当である。

⑵　治療費　７万円【注17】

被告病院での治療は意味をなさなかったので，入院費・治療費７万円は返還されるべきである（甲Ｃ６）。

⑶　葬儀費用　５万円【注18】

原告は，本件患犬の葬儀費用として，５万円を支出した（甲Ｃ７）。

⑷　小　計

以上を合計すると，原告の被った損害額は42万円となる。

⑸　慰謝料　300万円【注19】

原告は，本件患犬を我が子同然それ以上に溺愛し，飼育してきたにもかかわらず（甲Ｃ８），被告の悪質な医療ミスにより愛犬を失い，計り知れない精神的苦痛を味わった。また，令和○年○月○日に被告に本件の経緯について説明を求めた際，被告は被告病院診察室にて開き直り，逆切れして原告の襟首をつかまんと威嚇し，椅子を床に強くたたきつけるという暴行行為に出るなどし，原告は多大な恐怖と精神的苦痛を受けた。原告は本件以降パニック障害となり，本件訴訟の提訴後の被告の居直りや嫌がらせにより，パニック障害が進行して更なる身体の変調を来し，現在も通院治療中である（甲Ｃ９）。

その慰謝料額は，300万円が相当である。

⑹　弁護士費用　34万円【注20】

本件訴訟遂行を弁護士に委任せざるを得なくなった。弁護士費用としては前記請求額の１割である34万円が相当である。

４　証拠保全【注21】

本件訴訟に先立ち，令和○年○月○日，被告医院において，証拠保全手続を行った（東京地方裁判所　令和○年(モ)第○○号）。

５　まとめ【注22】

よって，原告は，被告に対し，不法行為又は本件診療契約の債務不履行に基づいて，376万円及びこれに対する令和２年４月１日から支払済みまで年３分の割合による遅延損害金の支払を求める。

以上

証　拠　方　法【注23】

1	甲Ａ第１号証	カルテ【注24】
2	甲Ａ第２号証	カルテ【注25】
3	甲Ａ第３号証	血液検査表【注26】
4	甲Ｂ第１号証	獣医療に関する文献【注27】
5	甲Ｂ第２号証	獣医療に関する文献【注28】
6	甲Ｃ第１号証	血統書【注29】
7	甲Ｃ第２号証	受賞書【注30】
8	甲Ｃ第３号証	感謝状【注31】
9	甲Ｃ第４号証	チャンピオン証書【注32】
10	甲Ｃ第５号証	種犬認定書【注33】
11	甲Ｃ第６号証	診療明細書【注34】
12	甲Ｃ第７号証	領収書【注35】
13	甲Ｃ第８号証	陳述書【注36】
14	甲Ｃ第９号証	診断書【注37】

付　属　書　類【注38】

1	訴状副本	１通
2	甲Ａ第１号証～第３号証（写し）	各２通
3	甲Ｂ第１号証～第２号証（写し）	各２通
4	甲Ｃ第１号証～第９号証（写し）	各２通
5	訴訟委任状	１通

【注】

【注１】　請求額376万円に対応した，訴訟費用として，印紙２万4000円分を貼ります。押印は不要です。

【注２】　原告も被告も，東京都に住所があるので，また請求額が140万円を超えるので東京地方裁判所へ訴えを起こします。

【注３】　訴訟代理人と送達場所の記載。裁判所から，書類を送ってもらう宛先として訴訟代理人の住所等を記載します。

【注４】　請求する事件の名前を記載します。不法行為又は債務不履行に基づく損害賠償請求ですから，このように記載します。

【注５】　原告が，訴えで主張する利益を金銭に見積もった額を記載します。手数料（貼用印紙額）算定の根拠ともなります。

【注６】 裁判所に納付する申立手数料を貼用印紙額として記載します。貼用印紙額は，民事訴訟費用等に関する法律で決められており，手数料額の算定方法は，裁判手続の種類によって定められています。

【注７】 判決の主文としてほしい内容を記載します。

被告に対して請求する金額を記載します。不法行為に基づく請求もしていますから，事故日（死亡の日）からの遅延損害金を請求することができます。民法の改正で遅延損害金の割合が年５％から年３％に引き下げられました。この割合は後日変動することがあります。

【注８】 印紙などの訴訟費用を，判決に従い被告に負担させるための記載です。

【注９】 請求の趣旨の内容の判決と，判決の確定前に仮に執行ができることを求める記載です。

【注10】 当事者としての原告と被告について記載しておくと整理に役立ちます。本件の患犬について特定しておくことができます。

【注11】 診療の経過について，時系列で記載します。この訴状では，比較的に簡単に記載していますが，カルテや血液検査の値，飼い主である原告が説明した患犬の病状，これに対する獣医師の回答等の会話の内容を記載してもよいでしょう。

【注12】 原告の主張を簡潔にまとめたものを記載しました。この記載があると，原告の請求の概要がつかみやすくなります。

【注13】 病気に対する知見を記載することが望ましいです。動物の病気については一般には知られていないので，獣医療の文献を調べて病気に対する知見を記載しておきます。

【注14】 被告の注意義務違反（過失）について記載します。訴訟の組立てとして非常に重要な部分です。細かな過失を多数羅列することは，好ましくないと思います。死亡という結果に一番近い，最も重大な過失の主張に絞る方がよいでしょう。過失については，誰が，どの時点で，何をすべきだったのにしなかった等具体的に記載する必要があります。

訴状の中で注意義務違反（過失）を主張している部分は「翌○日の被告病院入院時は398，同日夕方には最高559を示しており，その後も高血糖値が継続している。」「このような血糖値が高値を示している状況においては，被告は本件患犬に対し，インスリンを投与し，糖尿病の治療をすべき義務があったというべきである。にもかかわらず，被告は，食事療法を選択し，血液検査や生理食塩水の点滴，タガメット，オイグルコン錠（グリベンクラミド）の投与を行ったのみで，治療方針を変更せず，不適切な治療を継続し，インスリンの投与を行わなかった。」という部分です。要約すると「翌○日夕方も血糖値が高値を示しているのであるから，被告は本件患犬に対し，インスリンを投与し，糖尿病の治療をすべき義務があったにもかかわらず，インスリンの投与を行わなかった。」という主張になります。

【注15】　獣医師の過失と患犬の死亡との間の因果関係を記載します。この記載も，重要なものです。獣医師に過失があることが認められても，死因が特定できないなど，死亡との間の機序を説明できないと，損害賠償は認められないことになります。

【注16】　損害と損害額の主張です。本件患犬は，数多くの賞を得ていたので，逸失利益として本件患犬の財産的価値を主張しています。

【注17】　被告病院で行った治療が無駄だったとして，入院・治療費全額の返還を求めています。

【注18】　葬儀費用も，過去の裁判例で損害として認められています。

【注19】　慰謝料の請求をしています。過去の裁判例では，動物の死亡の事例で300万円の慰謝料を認めたものは見当たりません。裁判官に，この事件の重大性を分かってほしい，できるだけ高額な慰謝料を認めてほしいとの希望から，高めの慰謝料を請求しています。

【注20】　不法行為の請求において，事件の内容が複雑で弁護士を委任することがもっともな事案では，判決においてその認容額の１割相当の弁護士費用を被告に負担させることがあります。原告の請求額の１割程度を，弁護士費用として記載します。

【注21】　本案訴訟に先立って証拠保全を行っている場合には，その旨を

記載します（民事訴訟規則54条）。

【注22】「よって書き」と呼ばれる項目です。

原告が，被告に対して，どのような法的根拠に基づいて，どのような内容の請求をするのかを，整理して記載する部分です。遅延損害金については，死亡した日からの請求をすることになります。

【注23】 獣医療過誤訴訟が医療集中部に配点されると，証拠の番号のつけ方が変わります。医療・看護・投薬行為等の診療経過の確定に関する書証には甲Ａ号証が付きます。医療行為等の評価，一般的な医学的知見その他これに類する書証には甲Ｂ号証が付きます。損害立証のための書証，紛争発生後に作成された書証等Ａ及びＢ号証に属しない書証には甲Ｃ号証が付きます。甲Ａ・甲Ｂ・甲Ｃの分け方にについて不明な点があれば，裁判所に問い合わせてもよいでしょう。医療集中部がない裁判所に提出する場合は，通常と同じく甲１号証から順に番号をふって出すことになるでしょう。

【注24】 糖尿病が発覚するきっかけとなった前医のカルテを提出します。

【注25】 被告医院のカルテを提出します。医療集中部では，訴訟が開始した後に，被告に対してカルテに日本語訳をつけて提出を求めることがあります。

【注26】 被告医院の作成した血液検査表を出します。この数値により糖尿病が悪化していることが分かります。

【注27・28】 犬の糖尿病に関する文献を出します。獣医療の専門書は高額です。購入しない場合は，他の動物病院，国会図書館や獣医学のある大学図書館でコピーを取る等して集めます。

【注29】 本件患犬を特定する意味，そして，財産価値の評価においてより高額に評価してもらうために血統書を証拠とします。より高額な慰謝料が認められることにもつながるでしょう。

【注30～33】 財産価値の評価においてより高額に評価してもらうために受賞書・感謝状とチャンピオン証書を証拠とします。より高額な慰謝料が認められることにもつながるでしょう。

【注34】　原告が被告医院へ支払った治療費等の立証です。

【注35】　葬儀社へ支払ったことの立証です。

【注36】　原告の作成する本件患犬に関する陳述書です。訴状の段階では，被告からどのような反論が出てくるか分からないので，獣医療過誤に関する内容にはまだ触れない方がよいでしょう。ここでは，損害の立証として，原告が本件患犬をどれだけかわいがっていたかを，裁判官に分かってもらうための陳述書を作成します。原告本人尋問を念頭に置いた陳述書は，お互いの主張と証拠が出そろった後に作成すればよいでしょう。

【注37】　原告が，パニック障害に罹患したことを立証する，医師が作成する診断書です。本件患犬の死亡日頃から不調を訴えた等，本件の死亡との関連性が分かる内容が記載されていることが望ましいです。

【注38】　裁判所に，提出する訴状の他に，被告に送達するための訴状の副本を付けます。被告の数が増えると，その分通数が増えます。

証拠は，裁判所用と被告用の２通ずつが必要となります。被告の数が増えると，その分通数が増えます。

訴訟代理人が訴訟を提起するので，原告の委任状が必要です。

(2)　調　停

最初から裁判を起こすのではなく，話合いを前提とする調停を選択することも考えられます。

獣医師に対して，獣医療過誤の責任を追及する場合，獣医師が非を認めて謝罪し，高額の賠償を支払うという事例は，極めて少ないと思います。調停を起こしても，過失・注意義務違反はない，賠償義務はないと反論してくることが予想され，話合いにならないことが多いのではないでしょうか。そもそも，獣医が調停に出席しないという事態もあり得ます。

裁判で勝ち目がなさそうな場合，裁判で立証することは無理そうだから，せめて調停だけでも起こそうという弱気な態度では，飼い主の期待する結果を得ることは難しいのではないでしょうか。

⑶　簡易裁判所に提出する場合

獣医療過誤訴訟においても，請求額が140万円以下であれば簡易裁判訴の訴えを提起することも可能です。

例えば，実際に受け取った薬の量よりもはるかに高額の代金を請求されて支払ってしまったから返還請求するなど，獣医師の診療に関わらない比較的簡易な請求であれば，簡易裁判所に向くと思います。しかし，必要のない手術を行った等獣医療の良し悪しに関わる内容の訴訟は，主張・立証が専門的で高度な知識を要することになり，地方裁判訴所における通常の審理の方が適するとして，移送されることがあり得ます。民事訴訟法18条では，「簡易裁判所は，訴訟がその管轄に属する場合においても，相当と認めるときは，申立てにより又は職権で，訴訟の全部又は一部をその所在地を管轄する地方裁判所に移送することができる。」と定めています。

簡易裁判所でしか訴訟代理人となれない司法書士の場合，獣医療過誤問題を受任して，簡易裁判所に訴えを提起する場合には，地方裁判所に移送されてしまう可能性があることに注意が必要でしょう。

⑷　少額訴訟での注意点（第２編第１章第３参照）

受け取ってもいない薬の薬代の返還を求めるような比較的簡単な事例を除き，いわゆる診療行為に関する過失を問題にする難しい事案では，少額訴訟は不向きであると思います。事案やかわる費用をよく検討する必要があります。

第２　裁判例

１　はじめに

かわいいペットがお世話になった獣医師に対して訴訟を起こすということは，以前は考えにくかったことでしょう。過去の裁判例を調べても戦前のものなど古いものは見つかりませんでした。著者が裁判例集から調べた限り最も古い裁判例は，昭和43（1968）年のものです。被告である獣医師は，○○家畜病院を経営していましたが，事件は往診中に起きたものです。昭和41（1966）年４月の猟犬の出産にまつわる獣医療過誤でした。昭和の時代は，記録に残る獣医療過誤訴訟は少なく，平成の時代取り分け平成16（2004）年以降に獣医療裁判が多くなってきていると感じています。動物病院側としても，裁判が起こされることもあることを前提にして，獣医療の向上に努め，訴訟戦術を念頭に置いてカルテの記載を充実させる等裁判における立証を留意した診療行為を行うように変化してきたのではないかと思います。

2　裁判例

(1)　獣医療過誤に関する初期の裁判例：東京地方裁判所昭和43年５月13日判決（判例タイムズ226号164頁，判例時報528号58頁）

この裁判では，仔犬の死亡及び親犬の死亡は被告の不手際によるものであると主張して，物的損害と慰謝料10万円を請求した事案で，「腹膜炎並びに敗血症による死の転帰は，本件ガーゼ遺留等，被告の本件手術の際における，施術上の不手際，過失によるものと一応推認することができ，右推認をくつがえすに足る事情は，むしろ，施術者たる被告において立証すべきところ，本件口頭弁論にあらわれた全証拠をもってしても右推認をくつがえすには足りない。」と認定し，「原告の蒙った損害は，その財産的損害および精神的苦痛に対する慰藉料として合計金５万円とする」と判断しました。取得価格は３万円の猟犬でした。財産的損害と慰謝料の内訳は示されていません。このころ既に「過失の一応の推定」という理論が使われていたことも注目に値します。

慰謝料を含めて５万円という賠償額ですが，物価の変動を考えると，当時としてはそれなりの額であったと考えられます。半世紀以前から，獣医師の獣医療過誤の責任を追及する裁判があったということになります。

著者が調べた限り，最も古い獣医療過誤に関する裁判例です。

⑵　真依子ちゃん事件（糖尿病）：東京地方裁判所平成16年５月10日判決（判例タイムズ1156号110頁，判例時報1889号65頁）

原告Ａと原告Ｂは，日本スピッツ犬を飼っていたが，平成14（2002）年12月28日，旅行先で受診した動物病院で高血糖を指摘され，インスリンの投与を勧められたことから，かかりつけのＹ動物病院を受診し，その日行われた検査の結果，高血糖，尿糖，ケトン体が確認され，おう吐も頻繁に見られるようになった事案において，本件犬は，翌日よりＹ動物病院に入院し，食事療法等が行われたが，インスリンの投与は行われなかった結果，犬は翌年１月３日に死亡した。被告らは，必要な治療が行われなかったとして，Ｙ動物病院の獣医師に対して不法行為又は債務不履行に基づいて損害賠償請求を認めました。

具体的には，平成14（2002）年12月28日の時点では様子を見る可能性もあるが，その翌日にはインスリン療法の必要があったとして，担当獣医師の注意義務違反を認め，不法行為の成立も認めました。

慰謝料に関しては，「犬をはじめとする動物は，生命を持たない動産とは異なり，個性を有し，自らの意思によって行動するという特徴があり，飼い主とのコミュニケーションを通じて飼い主にとってかけがえのない存在になることがある。原告らは，結婚10周年を機に本件患犬を飼い始め，原告Ａの高松への転勤の際に居住した社宅では，犬の飼育が禁止されているところを会社側の特別の許可を得て本件患犬を飼育したほか，その後の東京への転勤の際には本件患犬の飼育環境を考えて自宅マンションを購入し，本件患犬の成長を毎日記録するなど，約10年にわたって本件患犬を自らの子供のように可愛がっていたものであって，原告らの生活において，本件患犬はかけがえのないものとなっていたことが認められる（中略）。また，原告らは，以前に飼育していた犬が病死したことから，本件患犬を老衰で看取るべく（スピッツ犬の寿命は約15年である。），定期的に健康診断を受けさせるなどしてきたにもかかわらず，約10年で本件患犬が死亡することになったものであって，本件以降，原告Ｂがパニック障害を発症し，治療中であること（中略）からみても，原告らが被った精神的苦痛が非常に大きいことが認められる。」「そこで，本件患犬が前記（省略（編注：元文ママ））で認定したような犬であったことも合わせて斟酌すると，原告らが被った精神的損害に対する慰謝料は，それぞれ30万円と認めるのが相当である。」と判事しました。

ペットが死んでも数万円の損害賠償といわれてきましたが，この判決が出た後は，数十万円の損害賠償もあり得ると変わったといえるでしょう。

⑶　飼い主の自己決定権：名古屋高等裁判所金沢支部平成17年５月30日判決（判例タイムズ1217号294頁）

この裁判では，ゴールデンレトリーバーを１頭飼育していた夫婦が，動物病院を経営している獣医師に対し，犬の左前足にあった腫瘤の切除手術を施行し，約１か月後に13歳５か月で死亡した事案において，「ペットは，財産権の客体というにとどまらず，飼い主の愛玩の対象となるものであるから，そのようなペットの治療契約を獣医師との間で締結する飼い主は，当該ペットにいかなる治療を受けさせるかにつき自己決定権を有するというべきであり，これを獣医師からみれば，飼い主がいかなる治療を選択するかにつき必要な情報を提供すべき義務があるというべきである。そして，説明義務として要求される説明の範囲は，飼い主がペットに当該治療方法を受けさせるか否かにつき熟慮し，決断することを援助するに足りるものでなければならず，具体的には，当該疾患の診断（病名，病状），実施予定の治療方法の内容，その治療に伴う危険性，他に選択可能な治療方法があればその内容と利害得失，予後などに及ぶものというべきである。」として説明義務の前提となる飼い主の自己決定権を認め，更に「余命少ない本件犬に，大きな苦痛を与えることなく，平穏な死を迎えさせてやりたいと考えることもごく自然な心情であって，本件犬の治療方法を選択するに当たっての控訴人らの自己決定権は十分尊重に値するものということができる上，本件手術により本件犬の死期が早まったものと認められるから，上記自己決定権を侵害され，本件犬を早い時期に失ったことにより控訴人らの被った精神的苦痛は慰謝に値するというべきである。」として原告１人当たり15万円の慰謝料を含む同額42万円の支払を命じました。

獣医師の説明義務違反について，飼い主の自己決定権という概念を用いて，慰謝料の支払を認めています。飼い主が，飼育しているペットに対して，手術を行った方が良いのか，悪いのか等を判断する前提として，獣医師には適切な説明を行う必要が生じることになります。

⑷　死亡した時点においてなお生存していた高度の蓋然性：名古屋地方裁判所平成21年２月25日判決（判例集未登載）

この裁判では，飼い犬が死んだのは獣医師の輸血の準備不足が原因であるなどとして，獣医師に対し，損害賠償を請求した事案において，「その死亡した時点においてなお生存していた高度の蓋然性が認められるというべきである。」との表現を用い，結果的に「被告の説明義務違反と死亡との間には，相当因果関係が認められる。」と判断し，原告（３人）１人当たり７万円の慰謝料を含み総額24万円の支払を命じました。

人の医療と同様に，因果関係の争点において，「その死亡した時点においてなお生存していた高度の蓋然性が認められるというべきである。」との表現を用いているのが特徴的でしたので紹介します。

⑸　債務不存在確認訴訟：東京地方裁判所平成３年11月28日判決（判例タイムズ787号211頁）

この裁判では，犬のフィラリア虫除去手術の最中に，その犬が心拍減少，不整脈を来して死亡したところ，動物病院が飼い主に対して債務不存在確認の請求をした事案において，「本件飼犬について全くフィラリア症の予防方法をとらないで本件飼犬がこれに罹患するのに任せたため，本件飼犬が死亡するに至ったものであって，本件飼犬の死亡は，被告のこのような管理の誤りに基づくものというべきで」「原告には，その責めに帰すべき事由がなかったものといわなければならない。」として，「被告の飼犬シェパード（牡。愛称「○○」）が平成２年９月25日原告が営む動物病院において手術中に死亡したことにつき，原告が被告に対し何らの損害賠償債務も負わないことを確認する。」との主文を言い渡しました。

動物病院を経営する獣医師が，手術においてミスがないと強い自信を持っているときは，獣医療過誤を主張（クレーム）する飼い主に対して，何らの損害賠償義務を負わないことを，裁判で明らかにしてもらうこともできます。

⑹　飼い主の高額慰謝料50万円：東京地方裁判所平成18年９月８日判決（判例集未登載）

この裁判は，原告が，原告所有のラブラドールレトリバー雄犬（名称「バロン」，以下「バロン」という。）の停留精巣摘出手術を獣医師である被告に委託したにもかかわらず，被告が同手術をしなかった結果，バロンがセルトリ細胞腫に罹患して死亡したなどと主張して，被告に対し，債務不履行又は不法行為に基づき損害賠償等を求めた事件です。

裁判所は，「停留精巣は放置すると癌化する可能性が高く，被告は，本件治療契約により，原告から，癌になる可能性を回避する目的で停留精巣を摘出する手術を受託したことからすれば，被告には，バロンの停留精巣を完全に摘出する義務があったというべきである。そして，獣医師であれば，腹腔内を精査して停留精巣の位置等を確認することが可能であったにもかかわらず，被告は，バロンの腹腔内を精査して停留精巣の位置等を確認することを怠り，バロンの腹腔内に癌になる可能性の高い停留精巣を取り残したのであり，過失が認められるというべきである。」として，治療費について「被告が停留精巣を適切に摘出していたら，バロンはセルトリ細胞腫へ罹患することはなかったというべきであり，バロンは遅くとも平成14年12月26日にはセルトリ細胞腫を発症していたと認められるから，原告が被告に対し支払った平成14年12月26日から平成15年３月16日までに支払った治療費合計４万9570円，及び東大動物病院に対して支払った治療費合計77万9995円については，被告の過失行為と相当因果関係の認められる損害というべきである」と認め，さらに，慰謝料については「原告が，バロンのセルトリ細胞腫への罹患及び死亡により相当の精神的苦痛を被ったことのほか，上記に表れた諸般の事情を考慮すれば，これを慰謝するための慰謝料額は，50万円が相当である」と判断しました。

通常２つしかない睾丸（精巣）については「被告が，バロンの停留精巣摘出手術に着手していたものの，バロンの腹腔内に存在していた停留精巣を完全に摘出したわけではなかったと認めるのが相当である。」と認定しています。

２つの睾丸を取り除く手術を行ったにもかかわらず，睾丸の取り残しがあったと認める内容であり，多少奇妙な印象を受けます。

大学病院の治療費を約78万円，慰謝料50万円を含め，総額約133万円の支払を命じました。原告１人についての慰謝料として50万円を認めたのは，裁判例集に登載されている裁判例の中では，著者の知る限り最高額だと思います。

この訴訟の控訴審も同様の判断を示しています（東京高裁平成19年９月26日判決（判例集未登載））。

(7)　不適切・不必要な手術：東京高等裁判所平成19年９月27日判決（判例時報1990号21頁）

この裁判は，飼い犬の卵巣子宮全摘出，下顎骨切除，乳腺腫瘍切除の手術の施行について，飼い主から獣医師に対する損害賠償請求が認容され，飼い犬の手術の施行に関し，獣医師の飼い主に対する説明義務違反が認められた事例です。

この裁判の事例は，「一審被告乙が経営する動物病院（以下「動物病院乙」という。）の獣医師であった一審被告丙が，一審原告らの飼犬（以下「○○」という。）に対し，子宮蓄膿症治療のための卵巣子宮全摘出，口腔内腫瘍治療のための下顎骨切除，乳腺腫瘍切除の３箇所の手術を同時に行ったこと等につき，一審原告らが，一審被告らに対し，必要のない手術を施したうえ，手術後の治療が不十分であったために○○を死亡させたこと，その他説明義務違反等を理由に，共同不法行為，または各単独の不法行為ないし一審被告乙の使用者責任に基づき，慰謝料等の損害賠償を請求した事案」です。

担当獣医師が行った手術について，裁判所は，下顎骨切除手術の必要性について「結果的に，一審被告丙の行った下顎骨切除手術は，生検を行わない単に切除のみを目的とした不適当なものであった」卵巣子宮全摘出手術の必要性について一審被告丙の「子宮蓄膿症の診断は慎重さを欠き不適正であり，また手術の緊急性の判断についても慎重さを欠き不適切であったと認められる。」として不適切であったと認め，乳腺摘出手術の必要性について「乳腺摘出手術は簡易な手術であって附随的なものではあるけれども，良性のものでそのまま放っておいても良かったものであり，その必要性はなかったものと判断する。」と判断し，手術の必要性を否定しました。

慰謝料については，「不法行為により○○が死亡したことにより一審原告らがかなりの程度の精神的苦痛を受けたことが認められ，同苦痛に対する慰謝料は，前記認定のような不法行為の内容，とりわけ本件手術の不適切さの程度，獣医師でありながら，３箇所の手術を同時に行う危険性，緊急性についての慎重な判断を欠いたこと，死亡という結果，○○が一審原告らのペットとして約15年間共に生活してきたこと，その他本件記録に顕れた諸般の事情を総合して，一審原告の各自につき35万円が相当である」と判断しました。原告は３人いたので，合計105万円の慰謝料が認められました。１つの裁判の中で合計としてではありますが，100万円を超えた，比較的高額な慰謝料を認めた事例といえるでしょう。

もっとも，財産的損害として，新たな犬の購入費40万円を主張したことに対しては，「○○は15歳の老犬で，一審原告らにとってはかけがえのないペットであったとはいえ，客観的には財産的な価値はなく，いわば財産的損害としての代替品購入費用を損害と認めるのは相当でない。」と判断しました。

第4章　飼い主が加害者となるトラブル

事　例

Xが飼い犬を連れて近所を散歩していたら，突然現れたYの飼い犬に，飼い犬がかみ殺され，散歩していたXは，転倒して負傷しました。死亡した飼い犬の損害とXの慰謝料などを請求したいと思っています。

第1　事件処理の流れ

1　とり得る手段

(1)　通常民事訴訟

ペットが他人に迷惑をかけてしまう事例はたくさんあります。犬が他の人や他の動物にかみついてしまう咬傷事件，多数の犬が昼夜を問わず吠え続ける騒音問題，多数のペットを飼育しその糞尿の始末をせず悪臭を漂わせる，マンションのベランダでブラッシングをして動物の毛を飛散させる，公園などにいる猫に餌やりをしてその猫が糞尿被害をもたらす，猫が隣の家の金魚鉢を割って金魚を食べてしまったなど様々な問題が考えられます。

裁判例としてもいろいろな事案があります。中でも最も多いのは犬の咬傷事件だと思います。咬傷事件は，毎年４千件以上発生していて特に減少している様子はなさそうです。

犬が人をかんだ場合は自治体への届出，獣医師の検診を受けるなどの義務を定めた条例があります（第１編２章２参照）。

本件の事例の場合，犬の飼い主との間に契約関係がありませんから，不法行為責任を問うことになります。通常の不法行為責任として民法

709条と710条に基づくものと，動物の占有者としての責任を追及する意味で民法718条に基づく請求のどちらも可能です。

飼い主や飼い犬の治療費，慰謝料，死亡した犬の逸失利益などの損害を請求することが考えられます。これらの合計額が，140万円を超える場合は地方裁判所へ，超えない場合は簡易裁判所へ訴訟を起こすことになります。

ア　収集する資料

犬の飼い主が見ていないときに，犬にかまれた場合は，その飼い主が自分の犬がかんだのではないと，かんだこと自体を否定してくることが考えられます。そこで，目撃証人がいるのであれば，その証人の名前や連絡先を聞いておくことも大切です。訴訟になったときに，証人として尋問することも考えられます。

犬にかまれた傷であることを立証するために，医師の診断書を取得しておく必要があります。足などをかまれた場合は，犬の犬歯による傷であることが分かる診断書があると便利です。医師は，かまれた傷口に針金を差し込み深さを測ることをしてくれたりもします。犬歯の跡が何か所あるのかも記載してもらえるとよいでしょう。

その他，病院での治療費の領収書，病院へ通う交通費の領収書，仕事を休まざるを得ない場合の証明書，後遺症が残る場合の後遺症の等級に関する証明書等が証拠としてあると有用です。

イ　手　続

交通事故訴訟の通常の流れと変わらないでしょう。

ウ　裁判の途中で，和解の話ができる場合

散歩中の咬傷事故など，近隣でのトラブルであることを考慮すると，白黒付ける判決に至ることなく，相互に妥協しつつ和解で終わらせるということも考えられます。

もっとも，訴訟前の話合いでは相互に譲り合えなかったのですから，訴訟では激しく対立し，飼い主のしつけがなっていないからかみついたなどと，飼い主のことを許せない被害者としては，判決を求めることもあるでしょう。

エ　主張・立証のポイント（訴状作成のポイント）

不法行為の主張のために必要な，飼い主の過失，損害，過失と損害との因果関係を少なくとも主張することが必要です。民法709条又は718条の動物占有者等による加害を主張・立証していくことになります。

本件事例では，被告が犬の占有者であり，動物の占有者として，他人の犬にかみつかないようにさせる注意義務に違反していたか否かが問題となりそうです。

オ　想定される反論と対応（過失相殺など）

(ア)　かんだことの否定，うちの犬に限って人をかむことはないという反論

咬傷事件の場面に，その犬の飼い主がいなかった場合や，いたとしても私の飼い犬に限って人をかむことはない，と言い張ることがあり得ます。この主張を否定するためには，目撃証人の証言や，傷跡が犬によるかみつきであることを医者に診断してもらうことが必要です。

(イ)　かんだとしても過失はない，免責されるとの反論

犬がかんだとしても，飼い主としては適正な管理をしていたので過失はないとの主張が考えられます。

民法718条は動物の占有者などに高度の責任を課しています。過失がなかったとの主張は，実質的には，民法718条の免責の事由が認められるか否かに関わることになります。

a　民法718条の免責

民法718条の免責事由，すなわち「動物の種類及び性質に従い相当の注意をもってその管理をしたとき」の解釈として，最高裁判所昭和37年２月１日判決（最高裁判所民事判例集16巻２号143頁）は，「通常払うべき程度の注意義務を意味し，異常な事態に対処しうべき程度の注意義務まで課したものでない」と判示しています（第１編第２章第１の参照）。この免責が認められる事例は，極めてまれといえるでしょう。

b　過失相殺

この免責が認められることは少ないとしても，被害者又は被害者側の過失が考慮されて，加害者の過失と相殺され，損害賠償額が減額されることがあるでしょう。加害者と，被害者の両方に過失があることは実際多く，損害の公平な分担という観点からも過失相殺がなされることが多いようです。

犬としても知らない人が近づいてきたら怖がることでしょう，更に手を出されたら，防衛本能からかみつくこともあるでしょう。このような場合には，手を出した被害者にも過失があるとして，損害の公平な分担という見地から，例えば５割程度の過失が相殺されることがあります（広島高裁松江支部平成15年10月24日判決（裁判所ウェブサイト）159頁後掲裁判例）。損害額が，10万円だとしたら，５割過失相殺されてしまい，損害賠償額としては５万円しか取れないことになってしまいます。そこで，被害者としては，被害者には過失がなかったことを主張・立証していくことになります。撫でたのは確かだが，いつもは大人しく撫でられており，これまでかみつかれたことはなく，かみつき癖がある犬であることは知らなかったし，かみつき癖のある犬であることの警告もなかったなど主張することになります。

【訴状例】

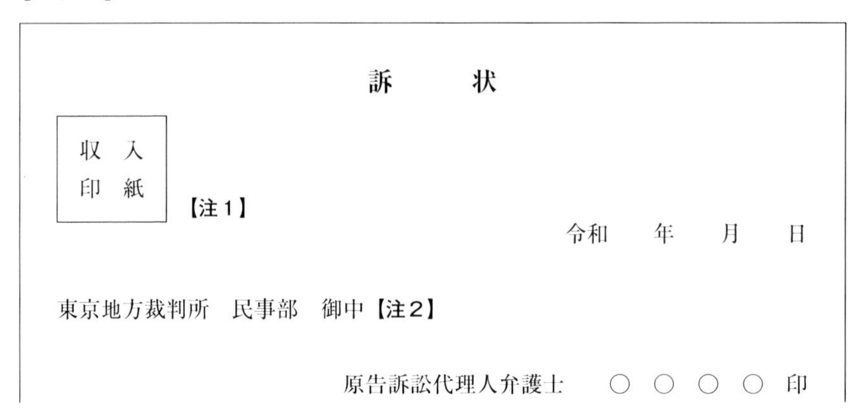

訴　　状

収入
印紙

【注１】

令和　　年　　月　　日

東京地方裁判所　民事部　御中【注２】

原告訴訟代理人弁護士　〇〇〇〇　印

〒000-0000　東京都渋谷区渋谷○丁目○番○号

原　　　告　　　X

〒000-0000　東京都新宿区新宿○丁目○番○号

○○○○事務所（送達場所）**【注３】**

上記訴訟代理人弁護士　　○　○　○　○

電　話　03-0000-0000

ＦＡＸ　03-0000-0000

〒000-0000　東京都港区南青山○丁目○番○号

被　　　告　　　Y

損害賠償請求事件**【注４】**

訴訟物の価額　　金188万1000円**【注５】**

貼用印紙額　　　金１万5000円**【注６】**

第１　請求の趣旨**【注７】**

１　被告は，原告に対し，金188万1000円及び令和２年４月１日から支払済みに至るまで年分の割合の金銭を支払え。

２　訴訟費用は被告の負担とする。**【注８】**

との判決及び仮執行宣言を求める。**【注９】**

第２　請求の原因

１　事実の経緯**【注10】**

⑴　原告は，平成○年○月○日，犬（ミニチュア・ダックス種，雄，５歳，呼び名「○○」。以下「本件○犬」という。）を購入して，以後，一緒に暮らし，自宅建物内において本件○犬を飼っていた。

⑵　被告は，犬（日本犬の雑種，雄，成犬，呼び名「△△」。以下「本件△犬」という。）を飼っていた。

⑶　令和２年４月１日午前10時頃，原告は，本件○犬を日課の散歩に自宅から連れ出した。そして，鎖につなごうとする被告の手をかいくぐって被告方から外に飛び出していた本件△犬と遭遇した。すると，本件△犬は，本件○犬に襲いかかり，その首や腹部にかみついた。そのとき，止めに入った原告は，転倒し，その顔面等を舗装道路に打ち付けた（以下「本件事故」という。）。

⑷　本件○犬は，本件△犬にかみつかれた結果，腹部深部に至る咬傷等の傷を負い，令和２年４月１日午後１時頃，○○動物病院の獣医師の

治療のかいなく死亡した。

本件△犬の攻撃を止めようとして転んだ原告は，加療約２週間を要する顔面挫傷等の傷害を負った。

2　被告の過失【注11】

被告のような82歳と高齢の女性が，本件△犬のような中型犬の成犬を鎖につなごうとする際，飼い犬がその手をくぐり抜けるような事態が発生することは，予測可能な範囲内にあり，自宅の敷地の外に出た本件△犬が，他人の飼い犬や人に危害を加えることは起こり得る出来事である。それゆえ，被告は，本件△犬の飼い主として，本件△犬を鎖につなごうとする場合には，被告の手をくぐり抜けるような事態が発生しても，本件△犬が自宅敷地内から外に出ないように，注意を払わなければならない注意義務を負っていた。しかしながら，被告は，この注意義務に反して本件事故が発生した。

3　本件事故から生じた損害

(1)　損害及び損害額

ア　本件○犬の購入代金　　40万円【注12】

生後間もない幼犬の時から犬を愛玩犬として飼育してきた飼い主にとっては，成犬となった愛玩犬は，その幼犬時代の流通価格以上の価値を持つものである。

イ　原告の治療費　　　　3万円【注13】

ウ　本件○犬の診療代金　　5万円【注14】

エ　死亡診断書作成費　　1万円【注15】

オ　本件○犬の火葬代金　　2万円【注16】

(2)　慰謝料及び慰謝料額

原告に対する慰謝料　　120万円【注17】

原告には何らの落ち度なく，家族の一員のように慈しみ育てていた本件○犬を，被告の飼い犬である本件△犬に咬殺されたのであり，本件における，本件○犬の非業な死により惹起されたXの家族の懊悩と精神的損害は甚大であり，その原因は専ら被告の一方的な過失にある。

本件○犬の死による原告の精神的苦痛は，原告が本件○犬を毎日飼育し，溺愛していた上に，その非業の死をもたらした本件△犬の攻撃を目前にしながら本件○犬を救い得なかった呵責の念により，また，原告X自身が本件事故により負傷を負い，今日なお深い精神的後遺症から抜けきれないままである。これらの原告の精神的苦痛を慰謝するには，少なくとも120万円が必要である。

⑶　弁護士費用17万1000円【注18】

本件訴訟遂行を弁護士に委任せざるを得なくなった。弁護士費用としては前記請求額の１割である17万1000円が相当である。

4　よって，原告は，被告に対し，不法行為の損害賠償請求権に基づき，188万1000円及びこの金額に対する令和２年４月１日から支払済みまで年３分の割合による遅延損害金の支払を求める。【注19】

以上

証　拠　方　法

1　　甲第１号証　血統書【注20】
2　　甲第２号証　領収書【注21】
3　　甲第３号証　領収書【注22】
4　　甲第４号証　領収書【注23】
5　　甲第５号証　死亡診断書【注24】
6　　甲第６号証　領収書【注25】
7　　甲第７号証　陳述書【注26】

付　属　書　類【注27】

1　訴状副本　1通
2　甲第１号証～第７号証（写し）　各２通
3　訴訟委任状　1通

【注】

【注１】　請求額188万1000円に対応した，訴訟費用として，印紙１万5000円分を貼ります。押印は不要です。

【注２】　原告も被告も，東京都に住所があるので，また請求額が140万円を超えるので東京地方裁判所へ訴えを起こします。

【注３】　訴訟代理人と送達場所の記載。裁判所から，書類を送ってもらう宛先として訴訟代理人の住所等を記載します。

【注４】　請求する事件の名前を記載します。不法行為に基づく損害賠償請求ですから，この様に記載します。

【注５】　原告が，訴えで主張する利益を金銭に見積もった額を記載します。手数料（貼用印紙額）算定の根拠ともなります。

【注６】　裁判所に納付する申立手数料を貼用印紙額として記載します。

貼用印紙額は，民事訴訟費用等に関する法律で決められており，手数料額の算定方法は，裁判手続の種類によって定められています。

【注７】　判決の主文としてほしい内容を記載します。

被告に対して請求する金額を記載します。事故日からの遅延損害金を請求することができます。民法の改正で遅延損害金の割合が年５％から年３％に引き下げられました。この割合は後日変動することがあります。

【注８】　印紙などの訴訟費用を，判決に従い被告に負担させるための記載です。

【注９】　請求の趣旨の内容の判決と，判決の確定前に仮に執行ができることを求める記載です。

【注10】　本件の事故が，どのような当事者の間で，どのように発生したのか，その結果どのような被害を被ったのかを，分かりやすく記載します。

【注11】　被告の過失の内容を書きます。被告に，どのような注意義務があり，それを怠ったのかを記載します。被告から，民法718条１項ただし書の免責の主張がなされることが考えられますので，その反論も視野に入れた主張ができるとよりよいでしょう。

【注12】　損害のうち，逸失利益として，本件犬の財産的価値を記載します。ここでは，購入代金をそのまま現在の財産的価値とする主張をしています。

【注13】　本件事故では，原告自身がけがをしています。病院に支払った治療費の領収書を証拠とします。

【注14】　本件事故により，かまれた犬の治療にかかった費用について，領収書を提出します。

【注15】　犬が死亡したことの診断書です。犬にかまれたことが原因と分かる記載があるとよりよいです。

【注16】　火葬費を損害として記載します。

【注17】　原告が被った精神的苦痛への慰謝料を記載します。

家族の一員のように慈しみ育てていた本件○犬を，被告の飼い犬である本件△犬に咬殺された原告の精神的苦痛を金銭で慰謝するとした場合，最低限必要な金額を記載します。また，精神的な苦痛がどれだけ酷かったかについて，できるだけ具体的に記載すると良いでしょう。

【注18】 不法行為の請求において，事件の内容が複雑で弁護士を委任することがもっともな事案では，判決においてその認容額の１割相当の弁護士費用を被告に負担させることがあります。原告の請求額の１割程度を，弁護士費用として記載します。

【注19】 「よって書き」と呼ばれる項目です。

原告が，被告に対して，どのような法的根拠に基づいて，どのような内容の請求をするのかを，整理して記載する部分です。

本件咬傷事故では，原告と被告とに間には契約関係がないので，不法行為に基づく損害賠償請求をすることになります。

遅延損害金については，事件日からの請求をすることになります。

【注20】 本件患犬を特定する意味，そして，財産価値の評価においてより高額に評価してもらうために血統書を証拠とします。より高額な慰謝料が認められることにもつながるでしょう。

【注21】 ブリーダーから購入した価格，財産的価値の立証のために提出します。

【注22】 本件事故により原告が負ったけがの治療費の領収書を提出します。

【注23】 本件事故のために負った本件犬の治療費に関する領収書です。

【注24】 本件事故により本件犬が死亡したことに関する獣医師が作成した死亡診断書を提出します。

【注25】 本件犬の火葬費の領収書です。過去の裁判例でも損害として認められています。

【注26】 原告の作成する本件犬に関する陳述書です。訴状の段階では，被告からどのような反論が出てくるか分からないので，咬傷事故の態様に関する内容に関してはまだ記載しない方がよいでしょう。ここでは，損害の立証として，原告が本件犬をどれだけかわいがっていたかを，裁判官に分かってもらうための陳述書を作成し

ます。原告本人尋問を念頭に置いた陳述書は，お互いの主張と証拠が出そろった頃に作成すればよいでしょう。

【注27】 裁判所に，提出する訴状の他に，被告に送達するための訴状の副本を付けます。被告の数が増えると，その分通数が増えます。

証拠は，裁判所用と被告用の２通ずつ必要となります。被告の数が増えると，その分通数が増えます。

訴訟代理人が訴訟を提起するので，原告の委任状が必要です。

⑵　簡易裁判所に提出する場合

請求額が140万円以下であれば簡易裁判訴の訴えを提起することも可能です。

⑶　少額訴訟の注意点（第２編第１章第３参照）

１日で終了することを念頭に置いて，被告から出され得る反論に対しても，あらかじめ準備して主張しておくとよいでしょう。

証拠も全て用意しておくことが必要です。犬にかみつかれてけがを負ったことについての診断書，けがにより後遺症が残る場合はその後遺症を証明する書類，事故現場の状況を示す図面や写真などです。犬がかんだところを目撃していた人がいれば，証人になってもらい，裁判所まで同行してもらうとよいでしょう。

第２　裁判例（と損害賠償額）

１　はじめに

咬傷事件は，古くから裁判となっており戦前にも裁判例が存在します。昭和30年代から更に裁判例が増えていると思います。主に，気性の荒い犬が人にかみつく，特に子供が犠牲になる事案が多かったと思います。平成に入っても犬が人に危害を与える事例は多く，かみつくだけでなく，体当たりする，大声で吠えて脅かす等の事例も出てきています。

犬にかまれるのは，人だけではなく，犬や猫がかまれる事例もあります。

飼育している動物が，他人又は他人の財産に危害を加えないよう，適切に管理することが重要であることが分かります。

動物がかまれた場合の損害賠償額は，比較的低額であるのに対し，人が被害を受けた場合には高額の賠償が認められることがあります。犬に人がかまれた事例で1000万円以上の賠償を認めたものがあります。対人賠償保険にでも入っていないと，容易には支払えない金額です。

2　裁判例

(1)　犬が猫をかみ殺した事例：東京地方裁判所昭和36年２月１日判決

（判例タイムズ115号91頁，判時248号15頁）

この裁判では，原告の飼育する愛猫（三毛猫）が，散歩中でひもが解かれていた被告の飼育するシェパードにかみ殺された事案で，慰謝料と埋葬料の支払が認められました。

不法行為の成立については「運動に連れて行くときは，人畜に危害を加えることのないよう特に注意する必要があるといわなければならない。」として，不法行為の成立を認めました。

猫の飼い主の慰謝料について裁判所は，慰謝料の賠償が必要であることを次のように示しています。

「侵害された財産と被害者とが精神的に特殊なつながりがあって，通常財産上の価額の賠償だけでは，被害者の精神上の苦痛が慰謝されないと認められるような場合には，財産上の損害賠償とは別に精神上の損害賠償が許されると解さねばならない。ことに家庭に飼われている猫のように，その財産的価値はいうにたりなくとも，飼育者との間に高度の愛情関係を有することを普通とする愛がん用の動物の侵害に対しては，動物に対する財産上の価額の賠償だけでは，とうてい精神上の損害が償われない。もしこの場合に，精神上の損害賠償を否定するならば，その動物の財産的価値が絶無に等しいときは，たとえこれを長年愛撫飼育し，その間に高度の愛情関係があっても，被害者は裁判上何らの救済を得られないことになり，公平の観念に反する。」と理由づけて慰謝料の賠償義務を肯定しています。

そして，慰謝料の額の判断について，飼い主の猫に対するかわいがり方を詳細に取り上げています。裁判所は，「原告らは昭和31年結婚の記念に知人から生後間もない本件の猫を貰い受け，当時原告らの間には子がなかったので，「○○」と名づけて，自分の子のように愛撫し，牛乳，チーズ，カツオブシ，ニボシなどを常食として与え，寝るときも原告らといっしょに寝ていた。したがって○○は原告らによくなついており，原告○が帰宅すると足音を聞いて同原告を玄関まで迎えにくるほどになっていた。病気の時は医者にみせまた他人の家に迷惑をかけたり，ドブネズミやつまらぬ物を拾い食いして病気にかからないように，いつも家の中で飼い，戸を開けておく時は外に出ないようにひもでつなぎ，用便も家の中でできるように用意しておき，こうして１年余り飼っていた。事件当日原告□は勝手で洗物をしていたところ，物音に驚いて六畳の間の方を見ると大きな犬に○○がかまれていた。大きな声で救を求めたが，犬は○○をくわえて走り去り，猫を口から放したときは，猫は血だらけで，むごたらしい死に方をしていた。犬を連れてきた△は謝りもせず，行ってしまったので，追っかけて住所を聞いたが，これに答えず，悪態をいつて，いずれへか姿を消してしまい，同原告は○○のむごたらしい死に方を見ていたく悲しむとともに，△のし打ちに対しいたく憤激した。原告○は勤めに出て漸く役所に着いた頃，原告□から○○が殺されたことを知らせられるや，急いで車で帰宅し，調査の結果，漸くその犬は被告の飼っている犬であることが分ったが，○○が前記のように原告らの住宅の六畳の間でかみ殺され，あまりにも惨虐な殺され方をしているのを見聞するに及んで，原告□とともに，あたかも親が子を失ったかのようにいたくその死を悲しみその夜は２人で泣き，１日中食事もすすまず，家の中で炊事をしても食べる気にもならないので，１週間ほどは夫婦で外食をした。○○が死んで２日間は○○の死骸の前に花と食物を三度三度供えてその霊を慰さめ，２人相談の結果○○を剥製にして家に残し，文京区大塚町○番地所在の○○寺に依頼して仏式で葬式をすませ，その死骸を○○寺の犬猫の墓地に手厚く埋葬してその霊を慰めたほどであって，猫の死によって相当精神上の打撃を受けたこと，原告○は昭和29年東京大学を卒業して，当時通産省に勤めており，被告は相当大きく医師を開業しており，○○号のほかにも犬を四匹ぐらいも飼っておる身分であること，事件後，被告も原告方に行き一応謝罪の意を表したこと，以上のことを認めることができる。これらの各種の事情を斟酌して，被告の原告らに対して支払うべき慰謝料の額はそれぞれ１万円をもって相当と認め」ました。慰謝料額を検討するにあたり，飼い主の事情を満遍なく捉えています。

この裁判が，著者が調べた限り，判例集に登載されている中では，ペットを失った飼い主の慰謝料を認めた最も古い裁判例です。この裁判では，猫の時価や逸失利益は争点になっていません。時価がないに等しいことを前提に，慰謝料で補ったと考えられます。

この裁判では，埋葬料も損害として認められています。裁判所は，「供養や埋葬をして，右の程度の費用を支払うことは特異のことではなく，したがって右の支出は不法行為により通常生ずる損害である」と判断し，原告が支出した，埋葬費（供養料埋葬手数料）600円の全額を損害としています。もっとも，原告は埋葬費の他に，続経料として千円，墓守に500円渡して管理を頼み，昭和33年，34年の彼岸と盆に寺に供養のため300円ずつ寄附をしていました。これらの出費のうちの埋葬費だけを損害として裁判で請求していました。

原告らは，愛猫の剥製を作ってその製作費１万3000円が損害に当たると主張しました。裁判所は，「猫が殺された場合に剥製にして保存することは特別の事情であって，通常の事情によるものではなく，右は通常生ずべき損害ということはできないから，この点についての損害賠償請求は許されない。」と判断して，請求を認めませんでした。剥製の作製費は，飼い主の自己負担となり，損害賠償の対象にならないことになりました。

⑵　高額な賠償事例：東京地方裁判所平成14年２月15日判決（裁判所ウェブサイト）

この裁判では，原告が，夫と公園内を散歩していたところ，被告の飼い犬（ゴールデンレトリーバーの成犬約30キログラム）が，原告の右下肢に衝突し，転倒した原告の顔面，胸背部，等に傷害を負わせた事例で，被告に対し約1900万円の賠償を命じました。

不法行為の成立に対しては，「被告の投げたテニスボールを追いかけていた○○が，原告の右下肢に衝突したことにより，原告は転倒したと認めることができる。」と認定しています。

損害について以下のように様々な損害を認めています。

ア　入院治療費計602万1040円

イ　入院雑費16万9000円

ウ　付添看護費39万円

エ　付添交通費14万7330円

オ　通院治療費70万4360円

カ　通院交通費２万6880円

キ　通院付添費３万6000円

ク　通院付添交通費２万6880円

ケ　リハビリ用品３万9320円

コ　休業損害149万5121円

サ　入通院慰謝料200万円

シ　逸失利益373万5261円

ス　後遺症慰謝料510万円（後遺障害は10級に該当する）

セ　弁護士費用150万円

ここから既払い金235万9224円を差し引き，1903万1968円の賠償を認めました。

公園でテニスボールを投げて犬と遊んでいたところ，ボールを追いかけていった飼い犬が46歳の女性にぶつかり，その女性が転倒して後遺症（10級）の残るけがをして，入通院をした事例で，2000万円弱の賠償義務が認められたことになります。公園で犬と遊ぶときにも，他人に損害を与えないよう十分注意する必要があります。

⑶　吠えただけなのに約438万円賠償命令：横浜地方裁判所平成13年1月23日判決（判例タイムズ1118号215頁，判例時報1739号83頁）

この裁判では，散歩中の飼い犬が歩行者の背後から吠えたため，歩行者が驚愕して路上に転倒して負傷した事案で，約438万円の損害賠償を認めました。

事案の概要　原告は，平成11年４月１日午後６時40分頃，神奈川県鎌倉市（省略）先の自宅前道路角で佇立していました。被告は，その飼い犬（犬種ラブラドールレトリバー，年齢１歳５か月，雌，大型犬。以下「本件犬」という。）にリードを付けて散歩に連れ出し，原告方前方道路にさしかかりました。すると，突然，本件犬が原告に向かって吠えかかったことから，原告は，驚愕のあまり歩行の安定を失って，その場で転倒し，左下腿骨骨折（両骨幹部）の傷害を受け，平成11年４月１日から同年11月17日まで，整骨院医通院しました。

また，犬が吠えたことが過失に当たるかについて裁判所は，「犬は，本来，吠えるものであるが，そうだからといって，これを放置し，吠えることを容認することは，犬好きを除く一般人にとっては耐えがたいものであって，社会通念上許されるものではなく，犬の飼い主には，犬がみだりに吠えないように犬を調教すべき注意義務があるというべきである。特に，犬を散歩に連れ出す場合には，飼い主は，公道を歩行し，あるいは，佇立している人に対し，犬がみだりに吠えることがないように，飼い犬を調教すべき義務を負っているものと解するのが相当である。そうとすると，被告の飼い犬である本件犬が原告に対し吠えたことは，被告がこの義務に違背したものといわざるを得ない。」として，犬の保管に過失があると判断しました。

そして，治療費，交通費，診断書料，付添看護料，休業損害（296万円），慰謝料（170万円）の損害を認めつつ，「原告は，先天的股関節脱臼という疾病に基づく身体的特徴により，原告の損害を拡大させたということができる。そうとすると，右損害の認定に当たっては，民法722条２項の類推により，原告の損害額を減額すべきであり，その割合は，２割とするのが相当である。」として過失相殺の規定を類推して損害額を減額するなどして，総額約438万円の損害賠償を認めました。

特に大型犬を散歩させるときには，不用意に吠えさせないことにも注意する必要が生じます。

⑷　過失相殺：広島高等裁判所松江支部平成15年10月24日判決（裁判所ウェブサイト）

この裁判では，小学生の控訴人（原告）が被控訴人（被告）の飼い犬にかまれ上口唇部挫創等の傷害を負った事例で，事故原因は，被告がかむ癖を有する犬に遮蔽等の措置を講じなかったこと，小学生がかむ癖を有する犬であることを知りながら被告の犬に近づいたことに認められ，小学生と被告の過失割合は５対５であるとして，傷害慰謝料20万円，後遺障害慰謝料60万円の合計80万円の損害を認めつつ，半額の金40万円の支払を命じました。

⑸　ノーリードの事案：東京地方裁判所平成18年11月27日判決（判例タイムズ1238号243頁）

この裁判では，被告がリードを離したことは相当な注意を怠ったといえるとして，通院慰謝料25万円，後遺障害慰謝料15万円等損害額43万円を認めつつ，原告らには，公衆の人が通りかかる可能性のある場所（広場）でリードを放して遊ばせていたことに注意義務違反があり，過失の程度は飼い犬を放していた原告らの方が大きいとして，原告らに６割の過失を認め，被告に総額19万円の支払を認めました。

飼い主が，飼い犬をノーリードにしていることが原因となって咬傷事故が生じた場合には，ノーリードにしていたこと自体が過失として捉えられ，比較的大きな減額がなされた事例です。

⑹　犬が犬をかみ殺した事例：名古屋地方裁判所平成18年３月15日判決（判例時報1935号109頁）

この裁判では，愛犬をかみ殺された飼主が，加害犬の飼主に対して損害賠償を求めた事例で，死亡した犬の時価を評価し，飼い主の慰謝料を認めて賠償を認めました。

事案の概要　平成17年５月５日午前10時頃，原告Aによって日課の散歩に連れ出されていたミニチュア・ダックス種（雄，５歳，以下「○○」という。）は，鎖につなごうとする被告の手をかいくぐって被告方から外に飛び出していた日本犬の雑種（雄，生後２～３か月，以下「△△」といいます。）と遭遇した。すると，△△は，○○に襲いかかり，その首や腹部にかみついた。△△にかみつかれた結果，○○は，腹部深部に至る咬傷等の傷を負い，平成17年５月５日午後１時50分頃，死亡したという事件です。

被告が，民法718条の免責を主張したのに対し，裁判所は，被告のような高齢（77歳）の女性が，△△（年齢３年６か月で，体格が中型の成犬）のような飼い犬を鎖につなごうとする際，「飼い犬がその手をくぐり抜けるような事態が発生することは，予測可能な範囲内にあり，自宅の敷地の外に出た△△が，他人の飼い犬や人に危害を加えることは起こり得る出来事であるから，被告は，△△の飼い主として，△△を鎖につなごうとする場合には，被告の手をくぐり抜けるような事態が発生しても，△△が自宅敷地内から外に出ないように，注意を払わなければならなかったというべきである。しかしながら，実際には，注意が足りなくて本件事故が発生した。」「民法718条１項ただし書にいう「相当の注意」とは，通常払うべき程度の注意義務を意味し，異常な事態に対処しうべき程度の注意義務までをも含むものではないと解されるが，上記の被告が払うべきであった注意は，通常払うべき程度の範囲内にとどまっているものといえる。」と判示して免責を認めませんでした。

この裁判では，飼い犬の時価が損害として評価されています。裁判所は，「原告らは，平成11年11月23日，○○を153,157円で購入したことが認められる。その後，○○が死亡した平成17年５月まで約５年６か月が経過しており，○○の死亡時の流通価格としては，購入金額の約３分の１である」５万円を認めるのが相当であると判示しました。取得価格の３分の１にした理由は明確ではありません。購入時から約５年６か月が経過すると，なぜ購入金額の３分の１まで減額されるのかの理由が不明です。ミニチュアダックスフントの寿命は13〜16歳であるとされています。約16年生き得るとすると，まだ10年近くの余命があるのですから，３分の２に減額したとして，10万円と評価してもよかったのではないでしょうか。

この裁判では，死亡した犬の飼い主の慰謝料を認めています。裁判所は，「原告らには何らの落ち度なく，被告の一方的な過失により，原告らが家族の一員のように慈しんで育てていた○○を被告の飼い犬である△△に咬殺されたこと，原告らが被った精神的苦痛は，そのことだけで非常に大きなものであったこと，原告Aは○○の飼育に日常的に携わっており，溺愛していたこと，△△が○○を襲う場面を目の当たりにしたこと，そのため○○を救い得なかった呵責の念にさいなまれ，その思いをいまだに断ち切れないこと」等を認定して飼い主１人当たり10万円の慰謝料を認めました。

本設問の事例に類似した裁判例です。

(7)　ドッグランでの出来事：東京地方裁判所平成19年３月30日判決（判例時報1993号48頁）

この裁判では，ドッグランの中を走っていて被告が飼育する犬と衝突してけがを負ったとして，損害賠償を求めた事案で，被告は民法718条１項ただし書の「相当の注意」を尽くしたとして，原告の請求を認めませんでした。

裁判所は，ドッグランは，その中で，リード（引き綱）を外し，飼い犬を自由に走り回らせるために設置された場所であることを前提として，民法718条１項ただし書の免責について，「被告は，被告の飼い犬をドッグランの雰囲気になじませてから引き綱を外した後は，犬が興奮して制御が利かないような状態が発生しないよう，または，そのような事態が発生したり，事故が発生したとき，直ちに対応することができるように，犬を監視すれば足りるというべきである。」「犬が自由に走り回っているドッグランのフリー広場中央部に，飼い主を始め人間が立ち入ることは，危険な行為であり，異常な事態に当たるから，そのような事態を予見して，飼い犬の動向を監視し，制御することは必要ないというべきである。」「そうすると，本件事故当時，原告は，広場中央付近を突っ切って反対側まで行こうと後ろを振り返りながら小走りに進んでいったのであるが，被告において，そのような者の現れる事態を予見して，飼い犬の動向を監視し，制御すべきであったとはいえない。」と判断して民法718条１項ただし書にいう「相当の注意」を尽くしたといえると判示しました。

民法718条１項ただし書の免責を認めた数少ない裁判です。本件の犬との衝突により，右脛骨高原骨折の傷害を負った原告の，治療費など約600万円を求めた請求は認められませんでした。

第３　その他ペットの飼い主の責任が問われる事例

1　鳴き声

猫の鳴き声よりも，比較的犬の鳴き声に関するトラブルが多いようです。

犬を庭に出して飼っているとトラブルになりやすいです。これは，騒音問題の一種なので，騒音値を測定するなどして証拠化していくことが必要です。

(1)　受忍限度を超える鳴き声：横浜地方裁判所昭和61年２月18日判決（判例タイムズ585号93頁，判例時報1195号118頁）

この裁判では，深夜や早朝にシェパード犬が鳴き続けた事案で，「本件飼育期間中における控訴人飼犬の鳴声が，被控訴人らにおいて受忍すべき限度内にあるものとは，到底いうことができない。」として原告らが受けた精神的苦痛に対し慰謝料の賠償を命じた一審（鎌倉簡裁昭和57年10月25日）を支持し，１人当たり30万円，合計60万円の慰謝料を認めました。

⑵　鳴き声と汚物臭：京都地方裁判所平成３年１月24日判決（判例タイムズ769号197頁，判例時報1403号91頁）

この裁判では，シェパード犬の鳴き声や汚物の異臭に基づき慰謝料の請求をした事案で，裁判所は，「一般家庭における飼犬の騒音（鳴き声）又は悪臭による近隣者に対する生活利益の侵害については，健全な社会通念に照らし，侵害の程度が一般人の社会生活上の受忍限度を超える場合に違法となるものと解すべき」との基準を立て，「本件犬の鳴き声による騒音，糞の放置による悪臭・蝿の発生の解消に真摯に努力しなかった飼犬飼育上の違法行為により，本件賃借部分に居住する原告らが受けた肉体的・精神的損害を賠償する義務がある。」として１人当たり10万円，合計20万円の慰謝料の支払を命じました。

鳴き声による騒音トラブルにおいては，鳴き声がうるさくて眠れない等の被害がありノイローゼ気味になるほどの被害に至り，訴訟提起を決断することもあるでしょう。ところが，訴訟でようやく勝訴しても，慰謝料としては比較的低額しか認められていません。

2　糞尿の問題

日本人は比較的清潔好きであり，散歩中の糞尿の後始末はなされていることが多いと思います。犬の散歩に際し糞を持ち帰る袋を持ち歩き，尿をした後には水をかけるなどの慣行も定着しつつあるようです。

もっとも，糞の後始末をしない地域もあるようで，条例で糞を放置した場合に罰則を設け，実際に罰則金を徴収している地域もありました。

3　野良猫への餌やりトラブル

野良猫に対する不用意な餌やりも近隣のトラブルとなっています。野良猫は不妊対策をしないとどんどん増加していきます。増加を防止するために，不妊治療を施しつつ，野良猫を減らそうと努力するいわゆる地域猫活動があります。他方で，野良猫に餌を与えつつ，野良猫による糞尿，鳴き声などの損害の責任を取ろうとしない人も存在します。

⑴　猫への餌やりは人格権侵害：東京地方裁判所立川支部平成22年５月13日判決（判例時報2082号74頁）

この裁判では，被告の外飼いの猫に対する餌やりに伴い，糞尿，ごみの散乱，自動車への傷，毛，騒音，物品損害，猫除けの設備や共通感染症等の被害をもたらしている事例で，被告が段ボール箱等の提供を伴って住みかを提供する猫への餌やりは飼育の域に達していると認定し，猫４匹への屋外飼育に伴う被害は原告らの人格権を侵害し受忍限度を超える違法なものであるとし，不法行為（民法709条）の成立を認め，各原告の住居地と現場との距離関係，居住歴や建物所有の有無等を勘案して，原告１人当たり約３～15万円の慰謝料の賠償を認めました。屋外での餌やりに伴う，糞尿等の被害に関する賠償額の算定指針を示した裁判例となります。

⑵　猫への餌やりに賠償：福岡地方裁判所平成27年９月17日判決（裁判所ウェブサイト）

野良猫に対する餌やりの事例で，餌を与えていた被告に対して慰謝料50万円を含む総額約56万円の賠償を命じました。

慰謝料について，裁判所は「原告宅には被告の不法行為により本件野良猫による糞尿被害が発生したと認められ，①猫の糞尿は相当程度の悪臭を発し，生活環境を害するものといえるうえに，糞尿被害の期間は相当に長期間にわたっていること，②被告は，遅くとも行政指導を受けた平成25年７月頃には，本件野良猫による糞尿被害その他の近隣への迷惑が発生していることを認識していたにもかかわらず，その後，長期間にわたり適切な措置を講じていなかったと認められること，③（略）原告宅の庭の砂利について一定程度の洗浄，入れ替えの必要性が生じたと考えられることなどに鑑みると，糞尿被害による原告の精神的苦痛は相当に大きいものということができ，これを慰謝するために相当な金額は50万円を下らないというべきである。」との判断を示しました。

COLUMN

スコットランドでも残糞に罰金

我が国では，軽犯罪法において，「公共の利益に反してみだりにごみ，鳥獣の死体その他の汚物又は廃物を棄てた者」は，これを拘留又は科料に処するとの規定があります（軽犯罪法１条27号）。散歩中に犬の糞の始末を怠ると，この罰則の適用があるかもしれません。

大阪府の泉佐野市の環境美化推進条例では，その５条で「飼い犬等の愛玩動物の所有者（所有者以外の者が飼養管理する場合は，その者を含む。）は，当該動物を適切に管理し，公共の場所へ連れていく場合は，ふんを処理するための用具を携帯し，当該動物がふんをしたときは，適切に処理しなければならない。」と定め，２条⑶では「ポイ捨て等　空き缶等及び吸い殻等を回収容器その他の定められた場所以外の場所に捨てること並びに飼い犬等の愛玩動物のふんを放置することをいう。」と定義し，８条では「何人も，ポイ捨て等をしてはならない。」と定め，さらに，９条では「市長は，前条の規定に違反した者に対し，是正するために必要な措置を命ずることができる。」と定め，さらに，12条において「第９条の規定による命令に違反した者は，20,000円以下の過料に処する。」と定め，犬の糞を放置することに対して罰則を定めています。

スコットランドでも，糞の放置について約5000円の罰金を科しているようです。

第5章　ペットショップとのトラブル

事　例

ペットショップでマルチーズの子犬を購入しましたが，翌日吐き出したので獣医師に診断してもらったところ，パルボウィルスという病気に罹患していることが分かり，治療のかいなく，購入してから４日後に死亡してしまいました。支払った売買代金40万円を返してほしいと思っています。

第1　事件処理の流れ

1　はじめに

我が国では犬猫などを販売するペットショップが多数存在しています。ペットショップでは，とてもかわいい子犬や子猫等の動物が売られています。

(1)　ペットショップに対する規制

動物愛護管理法は，これらの営利を目的とするペット販売業者（第一種動物取扱業）に対して，改正のたびに厳しい規制を加えてきました。平成24（2012）年の改正でも終生飼養の要請，幼齢動物の販売への規制，帳簿の備付け，対面販売の必要性等の規制を加えられました。

また，動物愛護管理法により，終生飼養の必要性がうたわれています（動物愛護管理法22条の４）。仮にペットショップが商品として売れ残ったからとの理由で犬猫を殺処分したとしたら，そのことは動物殺傷罪（同法44条）に該当する犯罪となり得ます。

(2) ペットショップとの契約書

ペットショップでペットを購入する際に，いわゆる売買契約書が用いられることがあります。昔は，口頭だけの販売が多かったようですが，最近は契約書を用いることが多くなったと思います。契約書を用いるようになって，契約内容が明確になったのはよいことだと思います。しかし，ペットショップが作成する契約書には，ペットショップにとって都合のいいように特約を設けて，消費者である飼い主からの損害賠償の請求などを排除することがあるので注意が必要です。

(3) 消費者保護

その特約の内容が，消費者にとって一方的に不利益な条項は，消費者契約法により無効となります。消費者契約法８条１項では，事業者の債務不履行により消費者に生じた損害を賠償する責任の全部を免除する条項は無効とすると定めています。

ペットショップはペットの引渡し後は，「一切責任を負いません。」「一切の返品，交換，返金に応じません」「治療費の支払に応じません。」等を内容とする特約は，無効になると考えられます。その他，消費者契約法８条１項２号（故意・重過失）や，10条（消費者の利益を一方的に害する条項の無効）によって無効となる場合もあり得ます。

(4) 契約書に書かれている保証の内容の確認

ペットショップでペットを購入した場合，契約書があれば，消費者保護法などで無効となる場合を除き，原則としてその契約書の特約に拘束されることになります。それゆえ，契約書の特約の内容を十分に確認する必要があります。引渡し後に，病気になっていることに気付いたとき，すぐに死亡したとき等，ペットショップがどのような内容の保証をしてくれるのかについて，確認しておく必要があります。全ては，契約書の内容によって決まるといっても過言ではないでしょう。契約書の内容を慎重に確認することは非常に大事なことです。

もっとも，消費者である買主は，ペットショップで見つけたペットがかわいくてしょうがなく，すぐにでも家に連れて帰りたいとの思いから，契約書の内容をよく確認しないかもしれません。しかし，問題が起きたときにどのような保証がなされるかについて，確認しておかないと，後に痛い目に遭うこともあり得ます。

⑸　クーリングオフ制度の適用はない

訪問販売などの販売形態から，消費者を保護するために，冷静に考える期間を設けて，無条件で契約の解除等を認めるクーリングオフという制度があります（特定商取引に関する法律９条等）。ペットショップで購入する場合は，消費者がお店に出向いているので，自宅に訪問販売を受けたわけでもないので，クーリングオフの適用はないことになります。よく考えずに衝動買いしてしまった，他の家族に反対された，動物アレルギーがあった等の理由から，クーリングオフを利用して契約の解除等を希望してもかないません。

消費者は，動物愛護管理法の終生飼養の努力義務を念頭に置き，一度購入したら，そのペットを一生涯飼育しなければならないことを深く自覚する必要があるでしょう（動物愛護管理法７条４項）。

⑹　登録済みの標識の掲示の確認

ペットショップは，営利を目的として動物の販売をする業者であり第一種動物取扱業に当たりますから，動物愛護管理法により登録が義務付けられています（動物愛護管理法10条）。そして，その事業所ごとに，公衆の見やすい場所に，登録者の氏名又は名称，登録番号などの事項を記載した標識を掲げなければならないとされています（動物愛護管理法18条）。ペットショップに入ったら，この標識があることをまず確認して，その掲げ方が見えやすい場所にあるか否かを確認することにより，そのお店が法律を遵守しているか否かが分かるでしょう。

⑺　動物取扱責任者の存在

ペットショップは，営利を目的として動物の販売をする業者であり第一種動物取扱業に当たりますから，動物愛護管理法により，事業所ごとに，当該事業所に係る業務を適正に実施するため，十分な技術的能力及び専門的な知識経験を有する者のうちから，動物取扱責任者を選任しなければならないことになっています（同法22条）。本店ではなく支店であろうとも事業所であるお店には，必ず専門的知識を持った動物取扱責任者が置かれることになります。ペットショップに入ったら，動物取扱者から詳しい説明を聞きたいと申し出てみるのも一案です。いつ行っても，動物取扱責任者が不在だとしたら，その店の法律遵守に関する姿勢が分かるのではないでしょうか。

⑻　ペット保険

ペットショップでペットを購入すると，併せてペット保険に加入することを勧められることがあります。ペットを対象とした保険が存在するのです。主な内容は，動物病院での治療費に関わるものです。動物病院での治療や手術料は思ったより高額となることもあり，その際に，保険が決められた割合を負担してくれるというものです。その他にも，オプションとして，ペットの死亡時の葬儀，埋葬費用，ペットが他人に損害を与えたときの賠償，車椅子などの補助具が必要になったときの費用について保険が負担する特約もあるようです。人と違って，生命保険に相当するものはなさそうです。ペットが死亡しても，残された飼い主の収入には影響はなさそうですし，ペットに生命保険をかけて，保険金取得目的で殺してしまう保険金詐欺を防ぐ意味もあるのでしょう。

保険契約の内容を確認することは重要で，動物病院への支払いでも，お産に関する費用は病気ではないから出ないということもあります。どのような場合に，どれだけの金額が支払われるのか，契約前に慎重に確認する必要があります。

ペットショップで購入する際に，いろいろな書面にサインする間に，知らぬ間にペット保険の契約をしていたというトラブルもあり得ます。ペットショップで書類にサインする際には，どのような内容なのかを確かめることが重要です。

⑼　血統書の交付

純潔種のペットについて血統書が発行されることがあります。人の戸籍に類似するものです。血統書では，先祖を数代遡ることができ，それらの祖先がチャンピオンであった否かが分かることもあります。ペットの血統書は，国などが発行する公のものはなく，ジャパンケネルクラブなどの民間団体が発行しています。DNA検査などを導入して，精度を高めていますが，偽造が全くないともいえません。血統書については，偽造ではないかを確認することも重要です。

ペットを購入した場合，そのペットに血統書があるのであれば，当然に売買の対象になりますので，ペットのみならずその血統書の交付を債務の履行として求めることができることになります。

ペットとその血統書は，民法の主物と従物の関係に当たるので，特段血統書についての売買の意思を表さなくても，必然的に売買の対象となります（民法87条）。

⑽　マイクロチップの装着義務

令和元（2019）年の動物愛護管理法の改正により，犬と猫についてマイクロチップの装着に関する規定が新設されました。マイクロチップに関する改正は，令和４（2022）年６月１日に施行されます。装着の義務を負っているのは，「犬猫等販売業者」に限られています（動物愛護管理法39条の２第１項）。犬猫について販売しているペットショップやブリーダーを意味します。その他の一般の飼い主について，装着が努力目標とされています（同法39条の２第２項）。

マイクロチップは，長さ８～12㎜ほど，直径２㎜ほどの円筒形のもので，リーダーを当てると15桁の数字が表示され，その数字を登録機関に照会すると，ペットや飼い主の情報がわかる仕組みになっています。マイクロチップについては国際基準が存在します。

ペットショップがマイクロチップを装着したら，装着した獣医師より「装着証明書」が発行されます（同法39条の３）。そして，この「装着証明書」を添付して登録を行います（同法39条の５第３項）。登録すると「登録証明書」が交付されます（同法39条の５第４項）。

登録後，登録を受けた犬又は猫の譲渡しは，当該犬又は猫に係る登録証明書とともにしなければならないことになります（同法39条の５第９項）。ペットショップやブリーダーは，「登録証明書」を買主に交付することになります。これまで，血統書を交付してきたと思いますが，「登録証明書」の交付も必要となります。

⑾　いわゆる８週齢規制

子犬・子猫，より小さくてかわいいペットを消費者はほしがる傾向にあるようです。プードルについて言及すれば，より小さなトイプードルを好み，さらに小さなティーカッププードルをほしがる人もいるのです。ペットショップ側からすれば，なるべく幼く小さなうちに店頭に並べて売り切りたいと考えることでしょう。しかし，あまりにも早期に親から離してしまうことにより，社会性が身に付かず，将来吠え癖，かみ癖が生じるなどの問題行動を起こす危険がある等と指摘されています。動物福祉先進国では，８週（56日）齢まで親から離さないことが大切だとされているようです。

我が国では，動物愛護管理法の平成24（2012）年改正で，表向きは８週齢を法律に掲載したのですが，激減緩和措置として，同法の附則において，令和２（2020）年の改正法施行までは，法段階的に49日にとどまっていました。令和元（2019）年の改正で，８週齢規制がまさに実現したのです（同法22条の５）。それゆえ，繁殖後８週間・56日間は親元から離すことができなくなるのです。店頭に並ぶのはその後になります。この改正の施行は，令和３（2021）年６月１日とされています。

もっとも，今回の改正では，８週齢規制の例外が設けられました。いわゆる日本犬である天然記念物と指定される秋田犬などの６種については，７週齢（49日）規制のままとされました（同法改正附則２条）。天然記念物と指定された犬の種の保存のためとされています。

⑿　インターネットを利用するペット販売は禁止されていない

インターネットを利用して，欲しい物を購入することはとても普及してきました。ところで，ペットの場合はどうでしょう。インターネットを利用したペット販売は実際存在します。もっとも，ペット自体に個性があり，ホームページの写真を見たらとてもかわいかったので購入してみたら，届いたペットはかわいくなかった，写真とは異なり，純血種ではない雑種のようなペットが送られてきた，雌が欲しいと思ったのに雄が届いた等のトラブル事例が多く見受けられます。それでは，曖昧な販売を行うインターネット販売を全面禁止しているかというと，そうではありません。地方で街中にペットショップがなく，ブリーダーの知り合いもいない人にとっては，インターネットで欲しいペットに出会えることは貴重な機会といえるでしょう。動物愛護管理法では，ペットの販売業者に規制をかけつつ，インターネット販売自体は禁止していないことになります。

インターネット販売をする人も，販売するペットを欲しがる飼い主に対して，そのペットを直接対面させて，詳しい情報提供をしなければならないことになっています（動物愛護管理法21条の４）。

動物愛護管理法21条の４では，「第一種動物取扱業者のうち犬，猫その他の環境省令で定める動物の販売を業として営む者は，当該動物を販売する場合には，あらかじめ，当該動物を購入しようとする者（中略）に対し，その事業所において，当該販売に係る動物の現在の状態を直接見せるとともに，対面（中略）により書面又は電磁的記録（中略）を用いて当該動物の飼養又は保管の方法，生年月日，当該動物に係る繁殖を行った者の氏名その他の適正な飼養又は保管のために必要な情報として環境省令で定めるものを提供しなければならない。」と定めています（１編２章参照）。下線を付けた事業所においてというのは，令和元（2019）年の改正で加えられたものです。

この条文は，インターネット販売だけでなく，全てのペット販売に適用されます。インターネット販売でも，その事業所において，販売対象のペットを買主に対面させて，適切な情報提供をする必要が生じるのです。北海道のインターネット販売業者が，東京の羽田空港にペットを空輸して，代行業者に代わりに情報提供させて販売することは，事業所における対面と情報提供の要件を満たさないので，契約は違法性を帯びることになります。インターネット販売そのものは禁止されていませんが，事業所における対面・情報提供の制約があることになり，安易な販売はできないことになります。

この同法第21条の４の環境省令で定める動物は，哺乳類，鳥類又は爬虫類に属する動物となります（同法規則８条の２第１項）。

⒀　具体的な情報の項目

また，適正な飼養又は保管のために必要な情報として環境省令で定めるものは，次に掲げる事項となります（同法規則８条の２第２項）。

動物愛護管理法施行規則８条の２（販売に際しての情報提供の方法等）

１　法第21条の４の環境省令で定める動物は，哺乳類，鳥類又は爬虫類に属する動物とする。

２　法第21条の４の適正な飼養又は保管のために必要な情報として環境省令で定めるものは，次に掲げる事項とする。

一　品種等の名称

二　性成熟時の標準体重，標準体長その他の体の大きさに係る情報

三　平均寿命その他の飼養期間に係る情報

四　飼養又は保管に適した飼養施設の構造及び規模

五　適切な給餌及び給水の方法

六　適切な運動及び休養の方法

七　主な人と動物の共通感染症その他の当該動物がかかるおそれの高い疾病の種類及びその予防方法

八　不妊又は去勢の措置の方法及びその費用（哺乳類に属する動物に限る。）

九　前号に掲げるもののほかみだりな繁殖を制限するための措置（不妊又は去勢の措置を不可逆的な方法により実施している場合を除く。）

十　遺棄の禁止その他当該動物に係る関係法令の規定による規制の内容

十一　性別の判定結果
十二　生年月日（輸入等をされた動物であって，生年月日が明らかでない場合にあっては，推定される生年月日及び輸入年月日等）
十三　不妊又は去勢の措置の実施状況（哺乳類に属する動物に限る。）
十四　繁殖を行った者の氏名又は名称及び登録番号又は所在地（輸入された動物であって，繁殖を行った者が明らかでない場合にあっては当該動物を輸出した者の氏名又は名称及び所在地，譲渡された動物であって，繁殖を行った者が明らかでない場合にあっては当該動物を譲渡した者の氏名又は名称及び所在地）
十五　所有者の氏名（自己の所有しない動物を販売しようとする場合に限る。）
十六　当該動物の病歴，ワクチンの接種状況等
十七　当該動物の親及び同腹子に係る遺伝性疾患の発生状況（哺乳類に属する動物に限り，かつ，関係者からの聴取り等によっても知ることが困難であるものを除く。）
十八　前各号に掲げるもののほか，当該動物の適正な飼養又は保管に必要な事項

⒁　契約の有効性

これらの対面・情報提供を欠いた売買契約は，法律違反となり無効と考えることができます（民法90条）。適切な対面・情報提供が契約締結段階でなされなかった場合は，取り返しのつかない問題に発展する可能性を多分に残します。動物愛護（福祉）等の観点からも，動物愛護管理法21条の4は，強行法規であると考えた方がよいと思います。民法90条が規定する，公の秩序又は善良の風俗に反する法律行為に該当するとして無効になると考えています。

もっとも，無効とした裁判例はいまだ出ていないようです。

2　とり得る手段

⑴　通常民事訴訟

ペットが購入直後に死亡した場合，売買契約を解除せずに債務不履行

責任を追及する場合と，契約を解除して代金の返還などを求める場合があります。

売買契約における責任の追及については，令和２（2020）年４月施行の民法改正により大きく変わりました。改正以前は，そのペットの個性に着目した特定物売買では，瑕疵担保責任を追及することができました。改正後は，特定物か不特定物かにかかわらず，債務不適合責任を追及することができるようになりました（民法562条）。

改正された民法562条１項本文は，買主の追完請求権として，「引き渡された目的物が種類，品質又は数量に関して契約の内容に適合しないものであるときは，買主は，売主に対し，目的物の修補，代替物の引渡し又は不足分の引渡しによる履行の追完を請求することができる。」と定めています。ペットの場合では，病気の場合にそれを治すこと，すなわち動物病院で発生した治療費の請求，別の健康なペットへの交換，血統書や（マイクロチップの）登録証明書（動物愛護管理法39条の３，39条の５第９項）が不足していればその引き渡しなどを求めることができると考えられます。

ア　主張・立証のポイント（訴状作成のポイント）

渡されたペットが，契約の内容に適合しないことを主張することになります。ペットショップでペットを購入する買主は，病気のペットを買うつもりはなく，健康なペットを買うことを目的としています。ペットショップも，健康なペットとして販売するのが通常です。それゆえ，病気を患っているペットを販売したのでは，契約の内容に適合しません。

本件の事例の場合，パルボウィルスという伝染病に罹患していたペットを引き渡したのですから，健康ではなく，契約の内容に従ったペットが渡されたとはいえません。買主としては，売主であるペットショップに対して，追完請求権を行使することになります。病気の治療に必要であった治療費などをペットショップに対して賠償するように求めることになるでしょう。

この場合，ペットショップから引き渡されるときに，病気になっていたことの立証が必要となります。健康なペットを購入して引き渡された後に，自宅内又は散歩中に病気になってしまった場合は，飼い主の管理責任であり，ペットショップに対しては責任を追及できません。

イ　収集する資料

獣医師に診療してもらい，ペットショップにいたときから病気を患っていたことが分かる，診断書や意見書を書いてもらえるとよいでしょう。

損害の立証として，動物病院に支払った診療費の領収書は証拠になります。

ウ　想定される反論と対応

ペットショップは，ペットショップにいるときには健康で，病気を患っていなかったと反論してくるでしょう。この反論に対抗できる証拠は，獣医師が作成する，先ほども触れたペットショップにいたときかから罹患していたことを証明できる診断書や意見書です。病気に罹っていたことを主張するので，獣医師の協力を求めることが重要になります。獣医師から，ペットショップにいたときから病気に罹っていたことについての協力を得られない場合は，訴訟において勝訴することは極めて困難になるでしょう。

【訴状例】

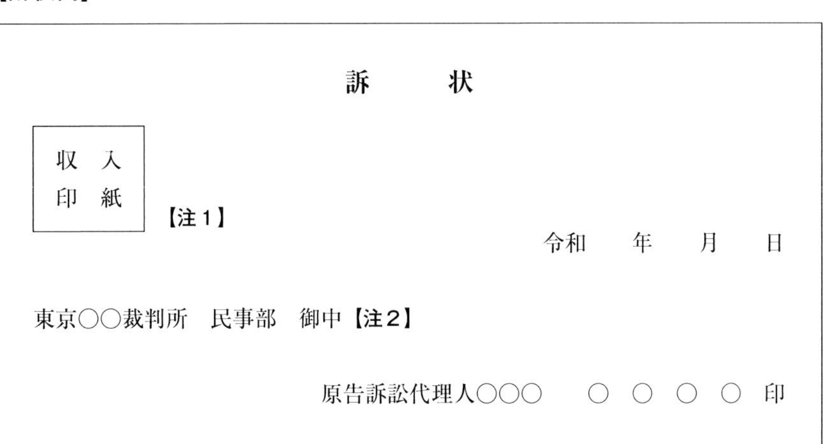

訴　　状

収入
印紙

【注１】

令和　年　月　日

東京○○裁判所　民事部　御中【注２】

原告訴訟代理人○○○　○○○○　印

〒000-0000　東京都渋谷区渋谷○丁目○番○号

原　　　告　　　X

〒000-0000　東京都新宿区新宿○丁目○番○号

○○○○事務所（送達場所）【注３】

上記訴訟代理人○○○　　○　○　○　○

電　話　03-0000-0000

ＦＡＸ　03-0000-0000

〒000-0000　東京都港区南青山○丁目○番○号

被　　　告　　　Y

損害賠償請求事件【注４】

訴訟物の価額　　　金40万円【注５】

ちょう用印紙額　　金4000円【注６】

第１　請求の趣旨【注７】

１　被告は，原告に対し，金40万円及びこれに対する訴状到達の翌日から支払済みに至るまで年３分の割合の金銭を支払え。

２　訴訟費用は被告の負担とする。【注８】

との判決及び仮執行宣言を求める。【注９】

第２　請求の原因

１　事実の経緯【注10】

(1)　原告は，犬の愛好家である。

(2)　原告は，令和２年４月１日，被告との間で，次のとおりチワワ１匹を40万円で買い受ける内容の売買契約を締結した（以下「本件売買」という。）。

(3)　原告は，令和２年４月１日，被告の従業員から，自宅近くの○○線○○駅において，代金と引換えに上記犬の引渡しを受けた。

(4)　原告が被告から購入した上記チワワ（以下「本件チワワ」という。）は，令和２年４月５日，パルボウィルス（以下「パルボ」という。）の感染により死亡した。

(5)　原告は，令和２年４月12日，被告に対し，本件売買を解除する意思表示をし，売買代金の返還を求めた。

(6)　被告は，原告に対し，責任を否定して，賠償する意思がないことを表明したので，本件訴訟に及んだ。

2　原告の主張【注11】

本件マルチーズは，原告が被告から引渡しを受ける以前にパルボに感染していた。

原告は，パルボに感染していることを知らずに，本件チワワを受け取ったが，これは健康で病気に罹患していない動物を売り渡すという売買契約の内容に適合した交付には当たらない。本件チワワは死亡してしまい，もはや履行不能といえるから本契約を解除した。解除の意思表示は，令和2年4月13日，被告に到達した。そこで，原状に復させるために代金の返還を求める。

3　よって，原告は，被告に対し，本件売買の解除による原状回復請求権に基づき金40万円及びこの金額に対する訴状送達の翌日から支払済みに至るまで年3分の割合による遅延損害金の支払を求める。【注12】

以上

証　拠　方　法

1　　甲第1号証　売買契約書【注13】
2　　甲第2号証　領収書【注14】
3　　甲第3号証　死亡診断書【注15】
4　　甲第4号証　内容証明郵便【注16】

付　属　書　類【注17】

1　訴状副本　　1通
2　甲第1号証～第4号証（写し）　　各2通
3　訴訟委任状　　1通

【注】

【注1】　請求額40万円に対応した，訴訟費用として，印紙4000円分を貼ります。押印は不要です。

【注2】　原告と被告の住所が東京都内で，請求金額が140万円以下ですから，東京の簡易裁判所に訴えを起こせます。

事案が複雑で地方裁判所に審理してもらいたい場合は上申書（第2編第1章第2・1⑴参照）を合わせて提出します。

【注3】　訴訟代理人と送達場所の記載。裁判所から，書類を送ってもら

う宛先として訴訟代理人の住所等を記載します。

【注４】 請求する事件の名前を記載します。不法行為に基づく損害賠償請求ですから，このように記載します。

【注５】 原告が，訴えで主張する利益を金銭に見積もった額を記載します。手数料（貼用印紙額）算定の根拠ともなります。

【注６】 裁判所に納付する申立手数料を貼用印紙額として記載します。貼用印紙額は，民事訴訟費用等に関する法律で決められており，手数料額の算定方法は，裁判手続の種類によって定められています。

【注７】 判決の主文としてほしい内容を記載します。
被告に対して請求する金額を記載します。
遅延損害金の起算日を訴状送達日の翌日とする場合には，このように記載します。

【注８】 印紙などの訴訟費用を，判決に従い被告に負担させるための記載です。

【注９】 請求の趣旨の内容の判決と，判決の確定前に仮に執行ができることを求める記載です。

【注10】 本件の事実の経過を，時系列に従い記載します。売買契約の成立から死亡し，訴訟に至るまでの過程を記載します。

【注11】 原告の法的な主張の内容を書きます。この訴状では，パルボについて簡単にしか触れていませんが，そもそもパルボという病気はどのようなものか，潜伏期間等の詳しい説明をしてもよいと思います。獣医師が，被告のペットショップにいた頃からパルボに罹患し，その後発症した等の事情を説明してくれたことを書いてもよいでしょう。

【注12】 「よって書き」と呼ばれる項目です。
原告が，被告に対して，どのような法的根拠に基づいて，どのような内容の請求をするのかを，整理して記載する部分です。

【注13】 本件売買が成立したことを証する書面です。

【注14】 被告に対し，40万円の代金を支払ったことの証拠です。

【注15】 獣医師による，パルボに罹患して死亡したことの証拠です。

【注16】　解除の意思表示と代金返還の催促をしたことを示す証拠です。
　配達証明を付けていれば，いつ被告に届いたかについても証明できます。

【注17】　裁判所に，提出する訴状の他に，被告に送達するための訴状の副本を付けます。被告の数が増えると，その分通数が増えます。
　証拠は，裁判所用と被告用の２通ずつ必要となります。被告の数が増えると，その分通数が増えます。
　訴訟代理人が訴訟を提起するので，原告の委任状が必要です。

(2)　地方裁判所に提出する場合

訴訟物の価額が140万円を超す場合は地方裁判所へ訴訟を起こすことになります。

(3)　少額訴訟の注意点（第２編第１章第３参照）

訴訟物の価額が60万円以下の場合は，少額訴訟を起こすことも可能です。もっとも，１日で終わることが前提となりますので，全ての証拠がそろっていることが必要です。売買契約の内容を表す契約書，動物病院の領収書，獣医師の意見書又は診断書等をそろえておく必要があります。

第２　裁判例（と損害賠償額）

１　はじめに

悪質なペットショップが後を絶たないとの情報もあります。粗悪なペットを安易に販売してしまうペットショップがまだ残っているとしたら大きな問題です。ペットショップで購入したが，病気に罹っていた等とのトラブルを抱える買主は多いと思いますが，実際に裁判になる事例は少ないようです。ペットショップは，不具合があれば別のペットに交換しますというところもあります。しかし，一度購入してしまい，数日でも家庭で飼育し始めると，愛着がわき，このペットを自分で大切にしなければならないとの愛情が芽生え，交換することは考えられなくなることが多いことでしょう。治療費をペットショップに請求しても，ペットショップは，健康だった等と反論して，容易には応じないことがあります。結局，買主が泣き寝入りをしていることが多いのではないでしょうか。粗悪なペットを販売するペットショップが根絶されることを願います。

2　裁判例

⑴　ジステンバー：東京高等裁判所昭和30年10月18日判決（下民６巻10号2153頁）

この裁判は比較的古いものですが，ジステンバーの病歴があるとの説明を受けて購入したところ，ジステンバーに罹患した事例で，錯誤無効を認めて，売買代金である15万円の返還を命じました。

⑵　オウム病による拡大損害：横浜地方裁判所平成３年３月26日判決（判例タイムズ771号230頁，判例時報1390号121頁）

この裁判では，手乗りインコの雛２羽を被告経営の大型店舗内のペットショップから購入して原告ら家族で飼育していたところ，インコのうち少なくとも１羽がオウム病クラミジアに感染していたことにより，原告らが次々とオウム病に罹患し，そのうちの１人が特に重篤なオウム病性肺炎を発症して死亡したという事案において，原告らの被告に対する損害賠償請求を認められました。

⑶　パルボウィルスによる拡大損害：横浜地方裁判所川崎支部平成13年10月15日判決（判例時報1784号115頁）

この裁判では，犬等のペットの販売業を営む原告が，被告から子犬２匹を購入したところ，そのうちの１匹がパルボウィルスに感染していて，発症し，原告が商品として所有していたその他の犬（５匹）にも感染，発症した（４匹死亡）として，売買契約の解除に基づく代金の返還と債務不履行又は不法行為による拡大損害の賠償を求めたところ，被告において，被告が売買した犬からのパルボウィルスの感染の因果関係を争った事案で，裁判所は，履行不能による売買契約の解除及び拡大損害についての債務不履行責任を認め，感染した犬の代金60万円，５匹の犬の治療・入院代21万円，消毒代４万円を含む総額103万円の支払を命じました。

販売されたペットが感染症に罹患していたときには，既に飼っていた別のペットにうつる場合もあり，損害は拡大します。裁判所は，拡大した損害についても賠償を命じています。オウム病に罹患して人が死亡する事例もあります。人が死亡すると損害額は格段に跳ね上がります。信頼できるペットショップから購入することが極めて重要でしょう。

COLUMN

ティアハイム　ドイツのフランクフルト

ドイツのフランクフルトにあるティアハイム（保護施設）を訪問することができました。保護した犬猫等の動物については，原則として，譲受人が見つかるまで飼育し続けるとのことでした。

ブラック＆ホワイト

スコッチウイスキーの銘柄に「ブラック＆ホワイト」というものがあります。この意味はスコットランドを起源とする犬の意味のようです。ブラックは，スコティッシュ・テリア，ホワイトは，ウエストハイランド・ホワイト・テリア（通称ウエスティー）を意味するようです。スコットランドのインバネスのステーション・ホテルでこの２種類の犬がそろっているところに出会うことができました。

第6章　ペットホテルに係るトラブル

事　例

ペットホテルに預けたら，スタッフの不注意でドアから逃げ出してしまい，道路で自動車にひかれて死亡してしまいました。飼い主の慰謝料など損害の賠償を求めたいと思っています。

第1　事件処理の流れ

1　はじめに

大切なペットとは，常に一緒に過ごしたいものです。ところが，諸事情によりペットをペットホテルに預けなくてはならない場合も生じます。信頼できるペットホテルを探して預けても事故が起きてしまうことがあります。自宅に帰りたくなり，隙をついて逃げ出してしまう事故も時々生じます。宿泊中体調を崩したのに，発見が遅れ動物病院に連れていったときには手遅れで死亡してしまう事故，ホテル内で，他のペットの病気をうつされる，他の犬にかまれて死亡してしまう事故などが考えられます。

ペットホテルにペットを預ける契約は，寄託契約に該当します。寄託は，当事者の一方がある物を保管することを相手方に委託し，相手方がこれを承諾することによって，その効力が生じます（民法657条）。

寄託契約の受寄者の注意義務は，無償の場合は，自己の財産に対するのと同一の注意をもって寄託物を保管する義務に軽減されます（同法659条）が，宿泊料を取る有償の場合（民法665条で648条を準用）は，その引渡しをするまで，契約その他の債権の発生原因及び取引上の社会通念に照らして定まる善良な管理者の注意をもって，その物を保存しなければならないことになります（同法400条）。いわゆる善管注意義務を負うことになります。そして，受寄者がその債務の本旨に従った履行をしないとき又は債務の履行が不能であるときは，寄託者は，これによって生じた損害の賠償を請求することができることになります（同法415条本文）。

損害賠償の請求は，寄託者が返還を受けた時から一年以内に請求しなければなりません（民法664条の２）。

ペットホテルは，営業として動物の保管をすることになりますから，動物愛護管理法の第一種動物取扱業に該当し，登録が必要となります（動物愛護管理法10条）。そして，動物愛護管理法の第一種動物取扱業に関する様々な基準を遵守しなければならいことになります（同法21条）。

2　訴え提起

⑴　通常民事訴訟

訴訟の請求額が，140万円を超える場合は，地方裁判所へ，超えない場合は簡易裁判所へ訴えを提起することになります。請求額が140万円を超えるか否かは，損害の度合いによります。例えば，病気をうつされたことによる治療費が56万円かかった場合でしたら簡易裁判所へ訴えることになりますし，60万円以下なので少額訴訟も可能です。

ア　主張・立証のポイント

受寄者であるペットホテルの善管注意義務違反により債務不履行責任が生じ，損害を被ったことを主張します。

ペットは，飼われていた環境から離され，飼い主とも別れてしまうのですから，体調を崩したり，家に戻ろうとして逃げ出そうとすることは容易に想像できます。ペットホテルとしては，食べ物を十分食べているか，体重の減少はないか，何らかの病気に罹っていないか等注意深く管理すべきでしょう。また，逃げ出さないように，窓に柵や網を設ける，ドアを二重にする等の工夫が必要でしょう。ペットホテル内にいる他の動物から病気が感染しないように，感染病に対する知識を備える必要があるでしょう。動物愛護管理法21条の２では，感染性の疾病の予防と題して，「第一種動物取扱業者は，その取り扱う動物の健康状態を日常的に確認すること，必要に応じて獣医師による診療を受けさせることその他のその取り扱う動物の感染性の疾病の予防のために必要な措置を適切に実施するよう努めなければならない。」と定めています。また，同法22条の３では，獣医師等との連携の確保と題して，「犬猫等販売業者は，その飼養又は保管をする犬猫等の健康及び安全を確保するため，獣医師等との適切な連携の確保を図らなければならない。」と定めています。ペットショップでペットを保管している際に，ペットの体調に異変が見られたら，早めに獣医師に相談し，診療を受ける必要があるでしょう。

ペットホテル内で，病気をうつされた場合は，獣医師の診断を仰ぎ，例えば感染症に罹患していることの診断をしてもらう必要があります。その感染症が，ペットホテル内でうつったことを立証するのは難しいことですが，ペットホテル内の他の動物も同じ感染症に罹患していることが立証できるとよいでしょう。合わせて，ペットホテルへ預ける以前にはその感染症に罹患していなかったことまで立証できるとよいでしょう。ペットホテルに預ける前に動物病院で健康診断を受けていれば，その時点では感染症に罹患していなかったことを立証できる場合があります。

イ　逃げ出してしまった場合

逃げたペットを探し出すために，いろいろな費用がかかることがあります。友人などに頼んで，人海戦術で近くを探しめぐる，その友人たちに支払ったお礼，ペットを探すための写真付きのチラシの印刷代，ペットを探すためにかかった交通費，いわゆるプロのペット探偵に依頼した場合の探偵料等様々に出費が損害と考えられます。これらを損害として主張することになります。

ペットが病気で，逃げ出したペットが車にひかれて死亡した場合や逃げ出して見つからない場合，ペットを失ったことによる損害，逸失利益や飼い主の慰謝料を損害として主張することもできます。

ウ　証拠の収集

　ペットが病気に罹った場合は，獣医師の診断書が必要です。獣医師が作成する診断書は，診断した日における病名程度が簡単に書いてあるだけのものがほとんどでしょう。被告となるペットホテルの他のペットからうつされたことまでは立証し難いかもしれません。ペットホテル内にいる他のペットも同じ感染症に罹患していることを示す別の診断書やそのことを示すスタッフの陳述書等が取得できるとよいでしょう。

　ペットが病気で死んでしまった場合，少なくとも獣医師の死亡診断書が必要です。死因が何かが記載されていることが望ましいです。死因が不明の場合は，解剖（剖検）して，正確な死因を特定して書面として残せるとよいでしょう。ただし，訴訟を起こそうとする飼い主の多くは，最愛のペットが死亡した悲しみの中で，さらに切り刻んで解剖することはほとんどないのが現状です。火葬してしまってから，死体解剖することは不可能です。裁判所は，死因と注意義務違反との間の因果関係を重視しています。死因が特定できないと，死因との間の因果関係が立証できなくなってしまい，勝訴の可能性は低くなります。

　ペットを探してくれた友人に謝礼を支払った場合，そのことを立証するためには，領収書をもらっておく必要があります。ペット探偵に依頼したときも領収書で損害を立証します。ペット探偵は高額になることも考えられます。数日間探すためにかかった費用は，相当因果関係のある損害と認められやすいと思いますが，不必要に長期にわたって捜索をして巨額な探偵料が発生した場合は，判決においては不必要な捜索費として相当因果関係がなく損害として認められないことも考えられます。とりあえずは，もしかして認められることがあるかもしれないと期待して，全額の領収書を証拠として提出することが多いでしょう。

　慰謝料の立証としは，ペットを家族同然に愛情をもって接していたこと，突然に別れとなり心の準備ができていなかったこと，探し出すために奔走して精神的負担が増したこと等を記載した陳述書を証拠化するとよいでしょう。

エ　想定される反論と対応

ペットショップ側は，善管注意義務違反はない，債務不履行には当たらないと反論するでしょう。民法415条１項ただし書では，「その債務の不履行が契約その他の債務の発生原因及び取引上の社会通念に照らして債務者の責めに帰することができない事由によるものであるときは，この限りでない。」と定めて債務不履行に当たらない場合を想定しています。

それでは，ペットショップから逃げ出したがるペットだった，との反論はどうでしょう。先にも触れましたが，ペットは環境が変わり，飼い主と離れ離れになるので逃げ出そうとすること，逃げ出すと交通事故に遭ったり，見つからない事態に至ることは容易に予測できます。営業としてペットを預かるペットホテルとしては，逃げ出さないことに万全の対策を講じる義務があると考えられます。このような反論には，そもそもペットは逃げようとする性質の生き物であることを再反論することになります。

ペットホテル内で感染症がうつったのではなく，預かる前から感染症に罹っていたとの反論はどうでしょう。

先にも触れましたが，そのペットホテル内で感染症がまん延していることの立証，預ける前の獣医師の診断では感染症はなかったということを主張・立証して再反論することになるでしょう。

病気で死亡した場合に，老衰だったとか突然死で避けられなかったという反論はどうでしょう。

ここでも死因の特定が重要になってきます。獣医師の死亡診断書において，老衰ではないこと，突然死ではないことを主張・立証して再反論することになります。先にも触れましたが，解剖の所見があれば，死因が特定できて再反論しやすいです。とにかく，裁判では死因が重要な争点になることが想定できますので，事前に死因に関する文献などの証拠の収集をしておくことも重要です。

地震・類焼や津波などの災害による逃げ出しや死亡だとの反論はど

うでしょう。不可抗力であれば，社会通念に照らして債務者の責めに帰することができない事由に該当して，債務不履行責任を問えなくなるでしょう。もっとも，軽度の地震，十分に避難し得る時間的余裕のある類焼，浅めの津波であれば，想定内のことであり，ペットを連れて避難することも可能だったはずです。災害時の同行避難の訓練もしておくべきであり，災害時にペットを守るために行うべき義務違反があったと再反論することになります。

寄託契約の契約責任を中心に説明してきましたが，不法行為による構成を行うことも可能です。契約責任と不法行為の両方を追及することも可能です。

オ　訴状作成のポイント

寄託契約の債務不履行責任と不法行為責任のどちらの請求をするとしても，ペットホテルは預かることについて善管注意義務を負っていますから，原告としては，善管注意義務違反・過失を主張・立証して行くことになります。

預けている最中の出来事なので，ペットホテルの注意義務違反・過失を主張・立証することがポイントとなります。

病気で死亡した場合は，死因が争点となるので，事前に死亡診断書等死因を立証できるものを取得しておくこともポイントです。

【訴状例】

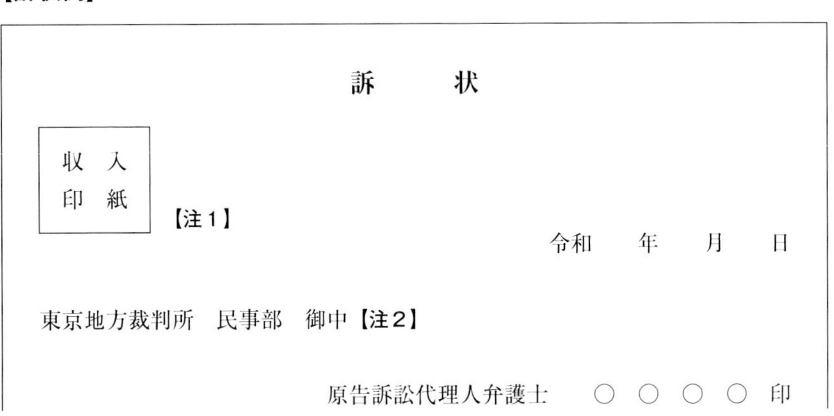

訴　　状

収入
印紙

【注1】

令和　　年　　月　　日

東京地方裁判所　民事部　御中【注2】

原告訴訟代理人弁護士　　○　○　○　○　印

〒000-0000　東京都渋谷区渋谷○丁目○番○号

原　　　告　　　X

〒000-0000　東京都新宿区新宿○丁目○番○号

○○○○事務所（送達場所）【注3】

上記訴訟代理人弁護士　　○　○　○　○

電　話　03-0000-0000

FAX　03-0000-0000

〒000-0000　東京都港区南青山○丁目○番○号

被　　　告　　　Y_1

〒000-0000　東京都港区南青山○丁目○番○号

被　　　告　　　Y_2

損害賠償請求事件【注4】

訴訟物の価額　　　金157万円【注5】

ちょう用印紙額　　金1万3000円【注6】

第1　請求の趣旨【注7】

1　被告らは，原告に対し，連帯して金157万円及びこれに対する令和2年4月3日から支払済みに至るまで年3分の割合の金銭を支払え。

2　訴訟費用は被告らの負担とする。【注8】

との判決及び仮執行宣言を求める。【注9】

第2　請求の原因

1　事実の経緯【注10】

(1)　原告，平成○年から○○という名前の雌犬1匹（以下「本件犬」という。）を共有し，飼育していた。

(2)　被告Y_1は，東京都港区において「○○○」の名でペットホテルを経営している（業種登録番号○○東京都保第○○○○○○号，以下「本件ペットホテル」という。）。

(3)　被告Y_2は，被告Y_1の母である。

(4)　原告は，令和2年4月1日，被告Y_1に対し，期間を同月6日まで，代金を3万円と定めて本件犬を寄託した（以下「本件寄託契約」という。）。

(5)　被告Y_1が，その経営する本件ペットホテルで本件犬を預かっていたところ，被告Y_2は，同月３日午前９時頃，本件ペットホテルにおいて，預けられたペットの世話や店内の清掃を行っていた際，本件犬を檻から出してペットの作業場内で自由に動けるようにしていたにもかかわらず，同作業場から店舗の外に出るまでの間の２つのドアを開放したままとした。

(6)　本件犬は，開放中であった２つのドアを通過して，本件ペットホテルの外部に逃げ出し，その直後に，本件ペットホテルから約300メートル離れた国道246号線表参道交差点付近において，自動車に跳ねられて死亡した（以下「本件事故」という。）。

2　原告の主張**【注11】**

(1)　被告Y_2の上記(5)の行為には，本件ペットホテルに預けられたペットが外部に逃げ出すのを避けるべき注意義務を怠った重過失があり，不法行為を構成し，民法第709条に基づく損害賠償責任を負う。

(2)　被告Y_1は，本件ペットホテルの経営者であり，被告Y_2が預けられたペットの世話や店内の清掃を行っていた行為は，被告Y_1の指揮監督下の行為であり，被告Y_2が，被告Y_1の事業の執行につき，原告に加えた損害につき，原告に対して，民法第715条に基づく損害賠償責任を負う。

3　損　害**【注12】**

(1)　原告は，本件事故によって，本件犬が死亡したことにより，葬儀費用として５万円を支出した。

(2)　原告は，本件犬の法要費用２万円を支出した。

(3)　上記(1)(2)は，被告Y_2の不法行為と相当因果関係のある損害である。**【注13】**

(4)　原告は，本件犬を我が子のように愛情を傾注して飼育していたのであり，原告にとって，本件犬はかけがえのない存在であった。したがって，本件犬の死亡によって原告が被った精神的苦痛を慰謝するに足りる慰謝料としては150万円を下らない。**【注14】**

4　よって，原告は，被告らに対して，不法行為の損害賠償請求権に基づき，連帯して157万円及びこの金額に対する令和２年４月３日から支払済みに至るまで年３分の割合による遅延損害金の支払を求める。**【注15】**

以上

証　拠　方　法

1　　甲第１号証　寄託契約書**【注16】**

2　　甲第２号証　死亡診断書【注17】
3　　甲第３号証　領収書【注18】
4　　甲第４号証　領収書【注19】

付　属　書　類【注20】

1	訴状副本	１通
2	甲第１号証～第４号証（写し）	各２通
3	訴訟委任状	１通

【注】

【注１】　請求額157万円に対応した，訴訟費用として，印紙１万3000円分を貼ります。押印は不要です。

【注２】　原告も被告も，東京都に住所があるので，また請求額が140万円を超えるので東京地方裁判所へ訴えを起こします。

【注３】　訴訟代理人と送達場所の記載。裁判所から，書類を送ってもらう宛先として訴訟代理人の住所等を記載します。

本件では，被告は２人いますので，２人の記載が必要となります。

【注４】　請求する事件の名前を記載します。不法行為に基づく損害賠償請求ですから，この様に記載します。寄託契約も成立していますが，不法行為責任だけを追及することもできます。

【注５】　原告が，訴えで主張する利益を金銭に見積もった額を記載します。手数料（貼用印紙額）算定の根拠ともなります。

【注６】　裁判所に納付する申立手数料を貼用印紙額として記載します。貼用印紙額は，民事訴訟費用等に関する法律で決められており，手数料額の算定方法は，裁判手続の種類によって定められています。

【注７】　判決の主文としてほしい内容を記載します。

被告らに対して請求する金額を記載します。

遅延損害金の起算日を訴状送達日の翌日とする場合には，このように記載します。

【注８】　印紙などの訴訟費用を，判決に従い被告らに負担させるための記載です。

【注９】 請求の趣旨の内容の判決と，判決の確定前に仮に執行ができることを求める記載です。

【注10】 本件の事実の経過を，時系列に従い記載します。寄託契約の成立から死亡し，訴訟に至るまでの過程を記載します。

【注11】 原告の法的な主張の内容を記載します。被告Y_2の過失により，本件事故が生じてしまったこと。被告Y_1の指揮監督下にあった被告Y_2の過失ですから，被告Y_1は使用者責任を負うことになります。

【注12】 葬儀費用，法要費用を支出したことが損害であることを主張します。

【注13】 念のため，被告Y_2の不法行為と相当因果関係のある損害であることを主張しています。

【注14】 ペットホテルを信頼して預けたのに，スタッフの重大な不注意で逃がしてしまい，死亡してしまったことから受ける原告の精神的苦痛を慰謝するための賠償を求めています。

【注15】「よって書き」と呼ばれる項目です。

原告が，被告らに対して，どのような法的根拠に基づいて，どのような内容の請求をするのかを，整理して記載する部分です。

【注16】 本件寄託契約が成立したことを証する書面です。

【注17】 被告らに預けた本件犬が自動車にひかれて死亡したことを証明する書証です。

【注18】 葬儀費用の領収書です。

【注19】 法要費用の領収書です。

【注20】 裁判所に，提出する訴状の他に，被告に送達するための訴状の副本を付けます。被告の数が増えると，その分通数が増えます。

証拠は，裁判所用と被告用の２通ずつが必要となります。被告の数が増えると，その分通数が増えます。

訴訟代理人が訴訟を提起するので，原告の委任状が必要です。

(2)　簡易裁判所に提出する場合

請求額が140万円以下であれば簡易裁判訴の訴えを提起することも可

能です。

(3) 少額訴訟の注意点（第２編第１章第３参照）

損害が比較的少なく，請求額が60万円以下の場合は，簡易裁判所において少額訴訟を起こすことができます。

１日で結果が出ることを念頭に，予想される被告からの反論にもあらかじめ答える主張を行い，集められる証拠を全て提出しておくことが必要です。

第２ 裁判例（と損害賠償額）

はじめに

少なくとも営業として行うペットホテルには，善管注意義務が求められており，宿泊中に怪我をさせたり，逃がしてしまった場合には，裁判所は義務違反を認めています。いくつかの裁判例を紹介します。

1 保管中の骨折：青梅簡易裁判所平成15年３月18日判決（裁判所ウェブサイト）

この裁判では，飼い犬が，有料施設に預けている間に右前足を骨折したとして，飼い主が店に対し治療費と慰謝料の支払を求めた事案で，骨折は最近のものであると認定し，骨折した時期を被告が預かっている間と推認し，営業として預かる場合は，業務に関し「一般人よりも高度の注意義務を負っている」として，本件の犬の骨折につき責任を肯定し，治療費と診断書料の合計７万1666円と慰謝料としての３万円の賠償が認められました。

2　委託料が安かった事案：千葉地方裁判所平成17年２月28日判決（裁判所ウェブサイト）

この裁判では，原告はボストンテリアを主として扱うブリーダーであり，ペットホテルの事業等を行う者である被告らにボストンテリア９頭を期間を定めずに預け，犬の飼育管理を委託する旨の寄託契約及び準委任契約を口頭で締結しましたが，その後６頭が死亡し，２頭は失明等のけがをするに至り，原告が損害賠償請求を求めた事例で，裁判所は，被告の保管中に死亡したのであるから，これにより原告に死亡した犬の財産的価値に相当する損害が生じたことは明らかだ，被告は犬を扱うプロであるから，委託料が安かったとしても善管注意義務は低下しないと判断し，合計額は80万円の賠償を認めました。もっとも，繁殖用ということで，慰謝料は認めませんでした。

3　保管中に逃げ出した事例１：福岡地方裁判所平成21年１月22日判決（判例集未登載）

この裁判では，雌のチワワ「○○」（２歳）を飼っており，被告の経営するペットホテルに「○○」を預けたが，預けていたペット犬を逃がされ，所在不明となったことで精神的苦痛を受けたとして，飼い主がペットホテル業者に対して損害賠償を求めた事案において，被告の従業員が散歩中に逃がしてしまったため，飼い主の指示に反した行為が業者にあったとして不法行為を認め，原告が若年で，仕事の関係上（風俗関係）長時間自宅に居り「○○」に寄せていた愛着は特に強いものがあったこと，被告は他の犬と一緒にしないようにとの原告からの指示に反していたこと，被告従業員の説明の一部が真摯さに欠けるものであったこと，被告がペットホテル業者であること，被告がチラシ配り・ビラ配りなど相当の捜索活動を尽くしたことなどを総合考慮して，精神的苦痛を慰謝するために相当な賠償額は，弁護士費用も含めて60万円が相当であると判断しました。

4　保管中に逃げ出した事例２：東京地方裁判所平成25年８月21日判決（判例集未登載）

この裁判では，原告らは，飼育していた雌犬を，被告Y1が経営するドッグホテルに寄託したが，Y1の母である被告Y2が，ペットの世話や清掃をしていた際，外部との間のドアを開放したままにしたため，本件犬が外部に逃げ出し，自動車にはねられて死亡した事故で，損害賠償を請求した事案について，裁判所は，Y1は不出頭，同Y2は損害額以外の請求原因事実を認めたので，葬儀費用，法要費用，弁護士費用の全額と慰謝料の相当額を認容し，被告らに総額30万円弱の支払を命じました。

この事案は，原告らは夫婦であり，平成22年から○○という名前の雌犬１匹（以下「本件犬」という。）を共有し，飼育していました。被告Y1はドッグサロン及びドッグホテル等を経営していました。被告Y2は，被告Y1の母です。原告らは，平成24年８月10日，被告Y1に対し，期間を同月15日まで，代金を１万5210円と定めて本件犬を寄託しました（以下「本件寄託契約」という。）。

被告Y1が，その経営する本件ドッグホテルで本件犬を預かっていたところ，被告Y2は，同月13日午前９時頃，本件ドッグホテルにおいて，預けられたペットの世話や店内の清掃を行っていた際，本件犬を檻から出してペットの作業場内で自由に動けるようにしていたにもかかわらず，同作業場から店舗の外に出るまでの間の２つのドアを解放したままとしてしまいました。本件犬は，解放中であった２つのドアを通過して，本件ドッグホテルの外部に逃げ出し，その直後に，本件ドッグホテルから約180メートル離れた環状８号線川南交差点付近において，自動車にはねられて死亡した（以下「本件事故」という。）という事案です。

ところが，被告Y1は，本件口頭弁論期日に出頭せず，答弁書その他の準備書面も提出しませんでした。そこで裁判所は，原告ら所長のほとんどの事実を自白したものとみなしました（民事訴訟法159条１項）。自白が成立した事実については，立証する必要がなくなります（同法179条）。被告Y2は，原告の主張する損害については争うが，その余の請求原因事実は認める旨述べました。Y_2も，原告らが請求した原因となる事実を認めたので，原告らの本件事故態様についての主張がほぼ全面的に裁判において採用されることになったのです。

そして，裁判所は損害のうち，葬儀費用として５万3550円，本件犬の四十九日の法要費用１万5000円及び弁護士費用（これらの１割に当たる）6855円を，原告らの主張のまま認めました。

裁判所は，慰謝料については，原告らは各100万円を主張していましたが，「慰謝料額は，擬制自白の対象とならないと解される。」との理由から，この請求をそのまま認めることはしませんでした。

裁判所の慰謝料に関する判断は，「原告らが，本件犬を家族同様に飼育していたこと，原告らが，本件犬が死亡したことにより大きな喪失感を感じていることが認められる。」と前置きし，「犬などの愛玩動物は，飼主が家族の一員であるかのように扱い，飼主にとってかけがえのない存在になっていることが少なくない（公知の事実）。そのような動物が他者の不法行為により死亡した場合に飼主が受ける精神的苦痛は，社会通念に照らし，主観的な感情にとどまらず，損害賠償をもって慰謝されるべき精神的損害ということができ，このような場合には，財産的損害に対する賠償のほかに，精神的苦痛を慰謝するに足りる慰謝料を請求することができると解するのが相当である。」として慰謝料自体の賠償は認めています。

次にその額について「しかしながら，証拠（略）から窺える原告らの飼育の期間（約２年間）及びその態様など本件に顕れた事情を斟酌しても，原告らの受けた精神的苦痛を慰謝する慰謝料として原告らが主張する各自100万円は高額にすぎるものといわざるを得ず，上記事情を総合考慮すれば，上記慰謝料としては各自10万円が相当である。」と判断しています。

ペットが家族の一員である，飼主にとってかけがえのない存在と表現して「公知の事実」と評価している点は，ペットの飼い主にとってうれしいことだといえます。ところが，ペットホテルのスタッフのミスで犬が逃げ出し，車にひかれて死亡するという大変痛ましい事件であるにもかかわらず，慰謝料が１人当たり10万円であったことは，飼い主からすると少ないと感じるのではないでしょうか。

本件では，原告らは，寄託契約の債務不履行責任を求めたようですが，裁判所は，「被告Y_2については民法709条，被告Y_1については民法715条に基づいて」として，不法行為による責任を認めています。

COLUMN

ペットと列車旅

我が国の鉄道では，JRや私鉄でも，大きさ，ケージに入なければならない等の制限があります。大型犬と一緒に鉄道を利用することは難しいことでしょう。スコットランドの鉄道（スペイサイドのKeith & Dufftown Railway）に乗車した際，大型犬と一緒に列車の旅を楽しむ夫婦に出会うことができました。

第7章　トリミングショップに係るトラブル

事　例

トリミングショップに，飼い猫のトリミングを頼んだら，店のスタッフがうっかり尻尾の先端をハサミで切り落としてしまい，手術が必要になりました。治療費や慰謝料を請求したいと思っています。

第1　事件処理の流れ

1　はじめに

かわいいペットは，いつもきれいにしておきたいものでしょう。自宅でシャンプーをしたり，抜け毛をブラッシングしたり，カットすることもできます。しかし，よりきれいにしてもらうため等の理由からトリミングショップ（ペットの美容室）に依頼することがあります。

短めにカットしてもらったはいいけれども，思っていたスタイルと違いかわいくないという不満が生じたり，カットする台から転落して骨折，場合によっては死亡に至る事故，自宅とお店との間の送迎時の交通事故，お店内でカットを待つ間に熱中症に罹り体調を崩す，スタッフが体調の異変に気付くのが遅れ動物病院に連れていくまでに死亡してしまう事故，鋭いハサミでペットの目や皮膚を傷つけたり，尻尾を切断してしまう事故など，様々なトラブルが生じ得ます。

(1)　請負契約という側面

トリミングショップにペットのカットやシャンプーを依頼する契約は，請負契約に該当します。請負契約は，当事者の一方がある仕事を完成することを約し，相手方がその仕事の結果に対してその報酬を支払うことを約することによって，その効力を生じます（民法632条）。

請負人は，仕事を完成させて，注文者にペットの引渡しをするまで，契約その他の債権の発生原因及び取引上の社会通念に照らして定まる善良な管理者の注意をもって，その物を保存しなければならないことになります（同法400条）。いわゆる善管注意義務を負うことになります。そして，請負人がその債務の本旨に従った履行をしないとき又は債務の履行が不能であるときは，委託者は，これによって生じた損害の賠償を請求することができることになります（同法415条本文）。

⑵　動物愛護管理法の登録が必要

ペットを預かるトリミングショップは，営業として動物の保管をすることになりますから，動物愛護管理法の第一種動物取扱業に該当し，登録が必要となります（動物愛護管理法10条）。それ故，動物愛護管理法の第一種動物取扱業に関する様々な規定を守らなければならいことになります（同法21条）。

⑶　寄託契約としての側面

トリミングについては，請負契約という側面がありますが，一定時間飼い主から預かり保管する場合は，ペットホテルの寄託契約の側面もあります。預かっている最中に起きた，逃げ出す，体調不良の対処等のトラブルについては６章のペットホテルのトラブルも参考にして下さい。

2　とり得る手段

⑴　通常民事訴訟

訴訟の請求額が，140万円を超える場合は，地方裁判所へ，超えない場合は簡易裁判所へ訴えを提起することになります。請求額が140万円を超えるか否かは，損害の度合いによります。

トリミングを行う台から転落して，足を骨折した場合で，その治療費・手術代の合計が，20万円だとしたら，簡易裁判所へ訴えることになりますし，少額訴訟も可能です。

ア　主張・立証のポイント（訴状作成のポイント）

請負人であるトリミングショップの善管注意義務違反により債務不履行責任が生じ，損害を被ったことを主張します。

スタッフ等の過失により事故が生じた場合は，担当者の不法行為責任（民法709条）及び経営者の使用者責任（同法715条）を主張することも可能です。

トリミングショップに連れてこられ，飼い主と別々になったペットは，飼われていた環境と違う場所で過ごし，体調を崩したり，家に戻ろうとして逃げ出そうとすることは容易に想像できます。トリミングショップとしても，逃走防止の対策を講じる他，水は飲んでいるか，熱中症の症状は出ていないか，何らかの病気に罹っていないか等注意深く管理すべきでしょう。また，窓に網等を張る，ドアを二重にする等の工夫が必要でしょう。

また，トリミングショップ内にいる他の動物から病気が感染しないように，感染病に対する知識を備える必要があるでしょう。動物愛護管理法21条の２では，感染性の疾病の予防と題して，「第一種動物取扱業者は，その取り扱う動物の健康状態を日常的に確認すること，必要に応じて獣医師による診療を受けさせることその他のその取り扱う動物の感染性の疾病の予防のために必要な措置を適切に実施するよう努めなければならない。」と定めています。また，動物愛護管理法22条の３では，獣医師等との連携の確保と題して，「犬猫等販売業者は，その飼養又は保管をする犬猫等の健康及び安全を確保するため，獣医師等との適切な連携の確保を図らなければならない。」と定めています。トリミングショップでペットを預かっている間に，ペットの体調に異変が見られたら，早めに獣医師に相談し，診療を受けることが必要でしょう。

(ア)　思っていたカットになっていない場合

夏が近づいたので，短めにカットしようと思いカットを頼んだら，依頼していたよりも短くされ過ぎた場合。カットされ過ぎたので，元の長さに戻すことはできません。例えば，体裁よくカットしてもらえることを前提に，5000円の料金で契約した場合。昨今の改正民法により，完成していないから請負代金を払わないということではなく，完成に近づいた度合いに応じて請負代金を支払うということに変わりました。

改正民法634条は，注文者が受ける利益の割合に応じた報酬と題して，「次に掲げる場合において，請負人が既にした仕事の結果のうち可分な部分の給付によって注文者が利益を受けるときは，その部分を仕事の完成とみなす。この場合において，請負人は，注文者が受ける利益の割合に応じて報酬を請求することができる。

一　注文者の責めに帰することができない事由によって仕事を完成することができなくなったとき。

二　請負が仕事の完成前に解除されたとき。」と定めています。

この事例では，まず，注文する際に，注文者の責めに帰する事由があったか否かが問題となります。注文者が，涼しくなるように，バサッと切ってくれと頼んだのであれば，刈り過ぎたとしてもほとんど完成に近いので，注文者は全額の5000円を支払う必要があるのではないでしょうか。

しかし，刈り過ぎが常識の度を越している場合，注文時にスタッフとの間でどのくらい刈り込みますか等の会話がなかった場合，注文者としては，常識の範囲内の刈込みを連想しますので，刈り込み過ぎて元に戻らない事例では，「注文者の責めに帰することができない事由によって仕事を完成することができなくなったとき。」に当たると考えることもできます。

この場合には，格好よい刈込みは実現できませんでしたが，とりあえず，暑さをしのぐことはできます。その限度で完成したとみなすことができるので，事例にもよりますが，割合的に4000円ほどの報酬支払義務が生じるのではないでしょか。時間がたてば毛はまた伸びてきます。

⑷　カットする台から転落して骨折した場合

カットするときは，トリマーがカットしやすい地上1メートルほどの高さのある台に乗せて行うのが通常でしょう。ペットの転落を防止するため，ペットにリードを付けてカット台の上に伸びる棒にくくり付けることでしょう。ところが，この落下防止の仕組みが上手く機能せず，金具の不具合などで落下してしまう事故が生じ得ます。そもそも，落下防止のひもを付けていないときの落下事故もあり得ます。大型犬が落下しても大きな衝撃を受けることでしょう。小型犬であるトイプードルが落下したとすれば，その犬の大きさからして，人でいえばビルの5階程度から転落したような衝撃を受けるのではないでしょうか。トリミングショップの床の材質にもよりますが，激しい衝撃を受けることでしょう。落下により，肋骨等を骨折したり，内臓破裂などで死亡に至る事例も起こり得るでしょう。この場合には，獣医師の診療を受けて，治療費等を損害として請求することになるでしょう。また，死亡した場合は，ペットの逸失利益や飼い主の慰謝料を請求することになります。

⑼　トリミングショップの送迎中の交通事故

トリミングショップのサービスとして自宅まで迎えに来てくれる制度があります。忙しい飼い主にとってはとても便利な制度でしょう。ところが，送迎途中で交通事故に遭遇することがあるのです。衝突事故が起きたとき，例えば，プラスチック製の小柄なケージにペットを入れて，後部座席の上に置いていただけの場合，衝突の衝撃により，ケージごと飛ばされてしまいます。ケージの中にいるペットは，打撲，傷害，骨折などの傷害を負うことになるでしょう。ペットを預かるトリミングショップとしては，善管注意義務の内容として，交通事故が起きても被害を最小限に抑える対策を講じておく義務があることになります。交通事故の裁判例で，ペットがシートベルトをしていなかったことに過失があるとして，過失相殺が認められた事例がありました（名古屋高裁平成20年9月30日判決（交民41巻5号1186頁）73頁参照）。ペットを預かる業者としては，ケージに入れた上そのケージをシートベルトで固定する，ペットにシートベルトを装着できるようなベストを着せるなどの対策を施しておくべきでしょう。このような工夫をせずに，安易に自動車にペットを積み込んでいた場合には，交通事故に際して，不必要な被害を被ったとして飼い主から責任を追及されることになるでしょう。

㈤　店内でカットやシャンプーを待っている間等に体調を崩したペットを，動物病院に連れていくのが遅れて，死亡した場合

トリミングショップも，ペットを預かるのですから，カットなどが完成して飼い主である注文者に引き渡すまで，ペットに関して善管注意義務を負います。また，獣医師との連携を図る必要もあります（動物愛護管理法22条の３）。トリミングショップは，預かったペットの体調を管理する責任があり，そもそも，ペットが体調を崩さないように管理する必要があります。特に夏場など熱中症に罹りやすい季節には，水を飲んでいるか，体温が上昇して苦しくしていないかなどの健康管理を行うべきでしょう。体調に異変が見られたら，すぐに提携している近くの動物病院に連絡する体制を整えておくことが望ましいでしょう。

㈥　不法行為として責任追及することも可能

本章では，請負契約等の契約責任を中心に説明してきましたが，不法行為による構成を行うことも可能です。契約責任と不法行為の両方を追及することも可能です。

イ　証拠の収集

トリミングショップとの間の契約書があれば，契約内容の立証として有意義です。しかし，多くの飼い主は，その契約書の存在を知らない，若しくは知っていてもよく読んでいないことが多いのではないでしょうか。契約書がなくても，民法の請負契約や寄託契約の条文の適用はあります。

病気になった，病気で死亡した場合には，獣医師による診断書が必要になります。

ウ　想定される反論と対応

預かったペットが突然暴れたから，台から落下した，又はハサミで傷つけてしまった等の反論が考えられます。

しかし，元々ペットは，環境が変わり，飼い主と離れれば，不安がり，逃げ出したいと思うことでしょう。このようなペットが暴れることは容易に想像できます。トリミングショップとしては，飼い主から離れたペットが暴れるなどの行動をとること予測して，事故が起きないように対応すべきしょう。

たとえ暴れても事故が起きないように万全の対応をすべきだったと再反論することになります。

【訴状例】

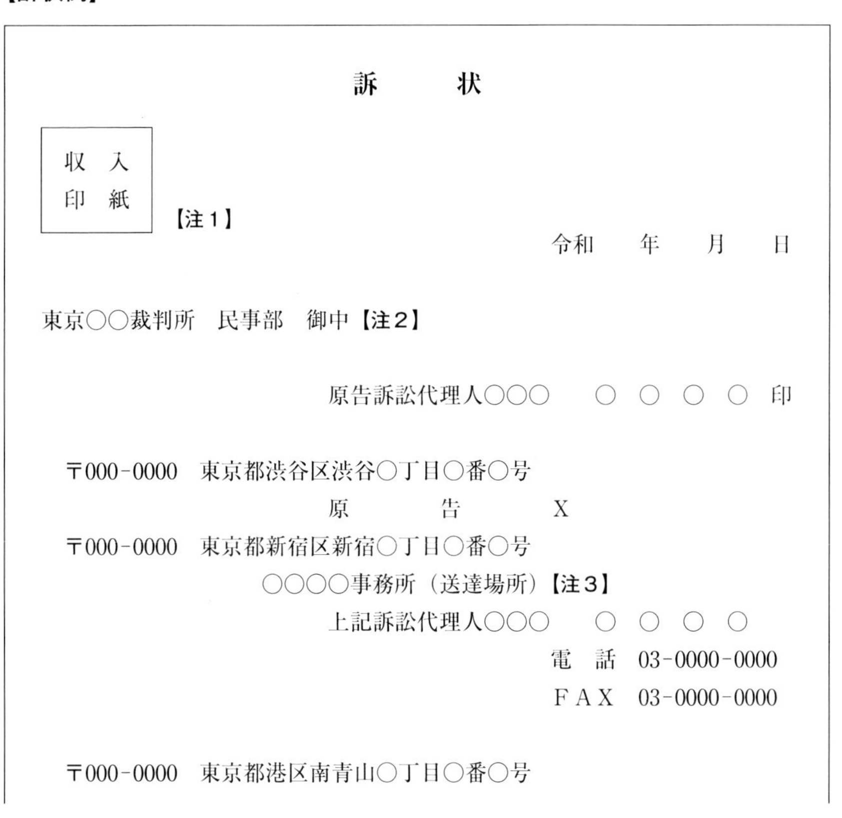

訴　　状

収入印紙

【注１】

令和　　年　　月　　日

東京○○裁判所　民事部　御中【注２】

原告訴訟代理人○○○　　○　○　○　○　印

〒000-0000　東京都渋谷区渋谷○丁目○番○号

原　　告　　X

〒000-0000　東京都新宿区新宿○丁目○番○号

○○○○事務所（送達場所）【注３】

上記訴訟代理人○○○　　○　○　○　○

電　話　03-0000-0000

ＦＡＸ　03-0000-0000

〒000-0000　東京都港区南青山○丁目○番○号

被　　　告　　　株式会社　　　Y_1
上記代表者代表取締役　○　○　○　○
〒000-0000　東京都港区南青山○丁目○番○号
被　　　告　　　　　　　　　Y_2

損害賠償請求事件【注４】
訴訟物の価額　　金75万円【注５】
ちょう用印紙額　金8000円【注６】

第１　請求の趣旨【注７】
１　被告らは，原告に対し，連帯して，金75万円及びこれに対する令和２年４月１日から支払済みに至るまで年３分の割合の金銭を支払え。
２　訴訟費用は被告らの負担とする。【注８】
との判決及び仮執行宣言を求める。【注９】

第２　請求の原因
１　事実の経緯【注10】
(1)　原告は，飼い犬である○○（雌，平成○年○月○日生まれの犬）を飼育し所有している。
　原告は，平成○年○月に○○を購入して以来，家族の一員としてかわいがり，大切に育ててきた。
(2)　被告Y_1は，ペットの美容業を主な事業とする株式会社であり，被告Y_2は，被告Y_1の従業員で，トリマーとして，後記本件事故当日，被告Y_1の店に勤務していた。
(3)　原告は，予約した上で，令和２年４月１日午後１時30分頃，被告の店を訪れ，○○のトリミングを被告Y_1に依頼したが，その担当は被告Y_2であった。
　被告Y_2は，その後○○のトリミングに着手し，毛を短く切り始め，ハサミを入れていたところ誤って○○の尻尾の一部約３cmを切断する事故（以下「本件事故」という。）を発生させた。
(4)　○○は，本件事故直後に○○動物病院（以下「病院」という。）に運ばれ，診察を受けたが，その時の状況は，尻尾の切断部分は尾骨が露出しており，出血していた。
　担当の獣医師は，皮膚を縫合する手術を施した。
(5)　○○は，令和２年４月１日から同年５月１日まで通院治療を受けた

（この通院期間を，以下「本件通院期間」という。）。

2　被告らの責任【注11】

被告らは，○○の安全に配慮し，これを傷つけることのないようにトリミングを行うべき注意義務を負っているところ，これに違反して，被告Y_1の従業員であるY_2は，その事業の執行に当たるトリミング中に誤って○○の尻尾の一部をハサミで切断してしまい（過失），原告の所有物を毀損した（以下「本件不法行為」という。）。

本件不法行為により生じた原告の損害について，被告Y_2は，民法第709条に基づき，被告Y_1は，民法第715条に基づき，原告に対し，損害を賠償すべき義務を負っている。

3　損害及びその額

本件事故により原告が被った損害は次のとおりである。

(1)　○○の治療・通院についての損害　11万4000円

ア　手術等の治療費【注12】

○○の尻尾の治療のための手術代など，○○動物病院へ治療費として10万円を支出した。

イ　交通費【注13】

本件通院期間，原告がバスで○○の送り迎えをしており，その交通費は片道200円であるから，通院交通費合計は4000円となる（200円×２×10＝4000円）。

ウ　健康診断費【注14】

○○は，尻尾に傷害を負ったことにより，食欲がなくなり，痩せて体調を崩したため，身体に異常がないかどうかを調べるため，本件通院期間中に健康診断を行い，これに１万円を支出した。

(2)　○○自体の財産的価値の減少としての損害　５万円【注15】

○○の切断された尻尾は完全に再生することなく，短いままである。そのため，容姿を損なっただけでなく，バランスがうまく取れない様子で，以前のように軽快に走ったり，動き回ることがなくなり，さらに，以前と異なり，人や物音を異常に警戒するようになった。

したがって，○○自体の財産的価値の減少としての損害は，５万円を下らない。

(3)　原告特有の損害　８万6000円

ア　治療費及び薬代　6000円【注16】

○○の傷害により，原告は，精神的に大きなショックを受け，○

○の通院や介護のために肉体的，精神的に疲労し，体調不良に見舞われ，通院を余儀なくされ，そのため，治療費及び薬代として合計6000円を支出した。

イ　休業損害　８万円【注17】

原告は，コンビニでアルバイトをしているところ，○○の本件通院期間中，○○の通院や介護，これによる体調不良により，10日間休まざるをえなかった。１日のアルバイト料は8000円であり，休業損害は合計８万円（8000円×10日間＝８万円）となる。

⑷　原告の慰謝料　50万円【注18】

原告は，○○を家族の一員として大切にかわいがり，育ててきており，○○が本件事故により傷害を被り，様子が変わってしまったため，心に深い傷を負い，また，現在でも○○が自傷しないよう絶えず気を配らなければならず，他方，被告Y_1の経営者は，○○のけがについて謝罪もせず，損害賠償にも応じていないことから，計り知れない精神的苦痛を被った。

４　よって，原告は，被告らに対し，不法行為の損害賠償請求権に基づき，請求の趣旨記載の支払等を求める。【注19】

以上

証　拠　方　法

１　　甲第１号証　血統書【注20】
２　　甲第２号証　領収書【注21】
３　　甲第３号証　診療明細書【注22】
４　　甲第４号証　領収書【注23】
５　　甲第５号証　領収書【注24】
６　　甲第６号証　診断書【注25】
７　　甲第７号証　領収書【注26】
８　　甲第８号証　アルバイト雇用契約書【注27】
９　　甲第９号証　陳述書【注28】

付　属　書　類【注29】

１　訴状副本　２通
２　代表者事項証明書　１通
３　甲第１号証～第９号証（写し）　各３通
４　訴訟委任状　１通

【注】

【注１】　請求額75万円に対応した，訴訟費用として，印紙8000円分を貼ります。押印は不要です。

【注２】　原告と被告らの住所が東京都内で，請求金額が140万円以下ですから，東京の簡易裁判所に訴えを起こせます。

事案が複雑で地方裁判所に審理してもらいたい場合は上申書（第２編第１章第２・１(1)参照）を合わせて提出します。

【注３】　訴訟代理人と送達場所の記載。裁判所から，書類を送ってもらう宛先として訴訟代理人の住所等を記載します。

本件では，被告に法人を含みますので，法人の形態を含む名称と，代表者の氏名を記載します。

【注４】　請求する事件の名前を記載します。不法行為に基づく損害賠償請求ですから，このように記載します。請負契約も成立していますが，不法行為責任だけを追及しています。

【注５】　原告が，訴えで主張する利益を金銭に見積もった額を記載します。手数料（貼用印紙額）算定の根拠ともなります。

【注６】　裁判所に納付する申立手数料を貼用印紙額として記載します。貼用印紙額は，民事訴訟費用等に関する法律で決められており，手数料額の算定方法は，裁判手続の種類によって定められています。

【注７】　判決の主文としてほしい内容を記載します。

被告らに対して請求する金額を記載します。

不法行為に基づく請求ですから，事故日からの遅延損害金を請求することができます。民法の改正で遅延損害金の割合が年５％から年３％に引き下げられました。この割合は後日変動することがあります。

【注８】　印紙などの訴訟費用を，判決に従い被告らに負担させるための記載です。

【注９】　請求の趣旨の内容の判決と，判決の確定前に仮に執行ができることを求める記載です。

【注10】　本件の事実の経過を，時系列に従い記載します。請負契約の成

立から本件事故が生じ，訴訟に至るまでの過程を記載します。

【注11】 原告の法的な主張の内容を記載します。被告Y_2の過失により，本件事故が生じてしまったこと。被告Y_1が雇っていた被告Y_2の過失ですから，被告Y_1は使用者責任を負うことになります。

【注12】 本件事故から生じた損害として，切断された尻尾に関する手術を含む治療費を請求しています。

【注13】 ○○の入院期間中の原告の交通費を損害として主張しています。

【注14】 飼い主である原告が○○の，本件事故後の健康状態を心配して受けた健康診断料を損害として主張しています。

【注15】 尻尾を３㎝切られてしまった○○の財産的価値が下がったことを損害として主張しています。

【注16】 原告自身が，○○の尻尾が切断されたことによるショックのため治療と薬代が必要となったことを損害として主張しています。

【注17】 原告が，○○の通院治療のために休業せざるを得なかったことを損害として主張しています。

【注18】 原告が，本件事件により，どのように精神的に苦しんだかを具体的に記載しています。ペットが死亡した事例ではありませんが，慰謝料を請求しています。

【注19】 「よって書き」と呼ばれる項目です。

原告が，被告らに対して，どのような法的根拠に基づいて，どのような内容の請求をするのかを，整理して記載する部分です。

【注20】 ○○を特定する意味，そして，財産価値の評価においてより高額に評価してもらうために血統書を証拠とします。より高額な慰謝料が認められることにもつながるでしょう。

【注21】 ○○を購入したときの領収書を提出します。財産価値の評価においてより高額に評価してもらうために提出します。より高額な慰謝料が認められることにもつながるでしょう。

【注22】 ○○動物病院に，手術費を含む治療費を支払った損害の立証です。

【注23】 損害としての交通費の立証です。領主書自体がなければ，いわ

ゆる乗換案内等の情報を入手して提出します。

【注24】　○○のその後の様子が心配になり，○○動物病院で健康診断を受けたことが損害であることの立証です

【注25】　原告の精神苦痛に対する治療などが損害であることの立証です。

【注26】　原告が精神的な治療を受けていた病院の治療費と薬代の領収書を証拠とします。

【注27】　休業損害として，アルバイトの雇用を立証する契約書を提出します。

【注28】　原告の作成する○○に関する陳述書です。訴状の段階では，被告からどのような反論が出てくるか分からないので，請負契約に関する内容にはまだ触れない方がよいでしょう。ここでは，損害の立証として，原告が○○をどれだけかわいがっていたかを，裁判官に分かってもらうための陳述書を作成します。原告本人尋問を念頭に置いた陳述書は，お互いの主張と証拠が出そろった後に作成すればよいでしょう。後に出すことも可能なので，訴状の段階では必ずしも必要とはいえません。

【注29】　裁判所に，提出する訴状の他に，被告に送達するための訴状の副本を付けます。被告の数が増えると，その分通数が増えます。

　証拠は，裁判所用と被告用の２通ずつ必要となります。被告の数が増えると，その分通数が増えます。

　訴訟代理人が訴訟を提起するので，原告の委任状が必要です。

⑵　地方裁判所に提出する場合

訴訟物の価額が140万円を超す場合は地方裁判所へ訴訟を起こすことになります。

⑶　少額訴訟の注意点（第２編第１章第３参照）

訴訟物の価額が60万円以下の場合は，少額訴訟を起こすことも可能です。もっとも，１日で終わることが前提となりますので，全ての証拠がそろっていることが必要です。

第２　裁判例

はじめに

トリミングショップのスタッフの不注意から，怪我をさせてしまった，落下して死亡したなどの事件が起きているようですが，裁判に至る事例は少ないようです。

尻尾を切断：東京地方裁判所平成24年７月26日判決（判例集未登載）

この裁判は，原告ら４人が共有し，飼育していたペルシャ猫のトリミングを被告会社に委託していたところ，同社の従業員である被告Ｙが誤って同猫の尻尾の一部を切断したことに対し，同猫の所有権を侵害したとして，原告らが，被告会社に対しては民法715条，被告Ｙに対しては同法709条に基づき，慰謝料等を請求した事案です。具体的には「被告Y2は，その後，○○のトリミングに着手し，背中からバリカンをかけ始め，脇腹までかけたあたりで，はがした毛玉が視野を悪くしていたため，ある程度の毛玉を切って視野を良くしようとハサミを入れていたところ，」「誤って○○の尻尾の一部約５cmを切断する事故（以下「本件事故」という。）を発生させた」事案です。

本件事故後，「尻尾の切断部分は尾骨が露出しており，出血していた。担当の獣医師は，尾の皮膚を切開し，骨を露出させ，関節１個分の骨を切断し，皮膚を縫合する手術を施した」「通院治療を受け」「傷はふさがり，後遺症はみられない」とのことです。

原告らは，「○○の切断された尻尾は完全に再生することなく，短いままである。そのため，容姿を損なっただけでなく，バランスが上手く取れない様子で，以前のように軽快に走ったり，動き回ることがなくなり，さらに，以前と異なり，人や物音を異常に警戒するようになった。」したがって，○○自体の損害は，５万円を下らない。」と財産的損害を主張しました。

これに対し裁判所は，「原告らは，○○の逸失利益としての財産的損害を主張している一方で，原告らは○○を子供のように思って育ててきたと主張しているのであるから，○○を第三者に売却する意思などなかったことが明らかである。加えて，本件事故当時，○○は９歳７ヶ月と高齢であり，財産的価値を算出することは困難であり，大切な○○の身体の一部が永久に損なわれた損害は慰謝料の中に含めて填補されるのが相当である。」として，財産的価値を算出しませんでした。

原告らの慰謝料について，まず裁判所は，原告の主張に従い「○○は，原告X_2が知人から買い受けたものの，それ以来，原告ら家族は，○○を家族の一員として同猫に愛情を注ぎ，大切に養育してきたことから，本件事故により，○○の尻尾の一部が永久に戻らないことだけでなく○○が元気がなくなり，一時痩せてしまったことや，以前と違い人や物音に非常に敏感になり，原告らになつかなくなってしまったこと等に大変な衝撃を感じたこと，特に原告X_1は憔悴しきってしまい，本件通院期間中も○○を病院までバスで送り迎えする等○○の通院や介護のため奔走したことから，肉体的にも精神的にも疲弊し，そのため，不眠，食欲不振，体重減少等の体調不良におそわれ，通院を余儀なくされたこと，本件事故から１年以上経過した現在，○○の傷口はふさがったが，○○がその部分を本件事故後一時行っていたように舐めたり，咬んだりしないように原告らは○○の様子に注意していること，本件事故を発生させたことについて，被告Y_2は反省しているが，被告会社の経営者は，ペットを物としかみず，○○の治療費はほとんど支払ったものの，それ以上の損害賠償には応じず，謝罪の態度も示していないこと，以上の事実が認められる。」と原告に有利に働きそうな事実を認定しています。

そして，裁判所は，ペットの飼い主の慰謝料について，「確かにペットは法的には「物」として処理されることになるが，ペットの場合は生命のない動産とは異なり，生命を持ちながらみずからの意思を持って行動し，飼い主との間には種々の行動やコミュニケーションを通じて互いに愛情を持ち合い，それを育む関係が生まれるのであるから，その意味では人と人との関係に近い関係が期待されるものである。原告らと○○の関係についてみれば，まさに互いの愛情に発したこのような関係が構築されていたものと推認される。」「したがって，被告らが不注意な処置を講じたことにより，○○を傷つけただけでなく，○○を家族の一員とも思い，愛情を持って大切に育ててきた原告らに大きな衝撃を与え，原告らを深く悲しませたことは想像するに難くない。また，本件事故後の○○の変わり果てた様子に傷つき，さらに○○の介護等に特に注意をしなければならなかったこと等に思いを致せば，原告らの精神的・肉体的損害は決して軽視することはできないものである。」として高額の慰謝料が認められそうな判断をしています。ところが，その後に次の判断が示されます。「しかしながら，○○の傷害は○○の尻尾の一部（約５㎝）を切断したにとどまり，現在は傷も癒えており，○○との間で原告らが本件事故前と同じような関係を回復することは容易でないとしても，今後の原告らと○○の接触如何によっては再び以前と同じような良好な関係を築けないとは断定できないこと，○○は本件事故当時，９歳７ヶ月と高齢であり，平均余命からみると，今後さほど長い期間生命を維持することは一般的に困難とみられること，被告Y_2の処置は明らかに同人の不注意によるものではあるが，毛玉を取り除くためにバリカンを入れ，剥がした毛玉がある程度視野を悪くしていたことから，視野を確保しようとしてハサミを入れた際，不注意で尻尾の一部を切断してしまったというものであり，同被告がそれまで○○を好いていたとみられる（中略）ことをも考え合わせると，同被告が良かれと思った措置を取ろうとした際，集中力や想像力を欠いたために周囲の状況判断が的確にできなかったといえるものであり，それ自体悪質な処置とまではいえない上に，被告会社の経営者はともかく，被告Y_2自身は原告らに対し謝罪し，深く反省していること，以上の事情が認められる。」と被告の行動にも配慮を示し，まとめとして，「以上の事情を総合考慮すれば，本件不法行為による原告らの精神的損害を慰謝する額としては，原告ら全員分として10万円であると認め，そのうち，特に原告X_1の精神的・肉体的苦痛は他の原告らより大きかったこと，原告X_1は，本件事故後，○○の通院と介護のため献身しており，それがため精神的にも肉体的にも疲弊し，通院までしたこと，原告X1を除くその余の原告らの精神的損害は同程度とみられることをも併せ考慮すれば，原告X1の慰謝料額は４万円，その余の原告らは各２万円であると認めるのが相当である。」との判断を示しました。

尻尾を切られてしまったことに対する精神的な負担や，通院までした飼い主の慰謝料は，４万円にすぎませんでした。

裁判所は，「９歳７か月と高齢であり，平均余命からみると，今後さほど長い期間生命を維持することは一般的に困難とみられる」と判断していますが，ペルシャ猫の寿命は15から20歳とされています。少なくとも５年，長ければ10年の余命あることからすると，裁判所の考え方には疑問が残ります。

第8章　その他のペットトラブル

第1　ペット飼育禁止の賃貸住宅でのトラブル

1　はじめに

賃貸物件においてペットを飼育できるか否かは，大家さんとの間で結ぶ賃貸借契約の内容に従うことになります。金魚やカブトムシなどの昆虫を飼うことは通常は認められるでしょう。しかし，犬や猫となると飼育を禁止する特約を設けている契約（特約）があります。犬は柱などの室内施設をかんだり，吠えて隣の人など近隣に迷惑をかけたり，糞尿や爪で床を汚したり傷つけることがあります。猫は，襖・障子や畳を爪でひっかいたり，糞尿で汚すこともあるでしょう。大家さんからすると，室内が乱される，動物臭が残る等好ましく思わないのでしょう。もっとも，最近は，臭いの付きにくい，汚れの付きにくい建材の開発，柱や室内壁を容易に交換できる物にするなどして，あえて犬猫の飼育が出できることを売りにしている賃貸物件も多くなってきています。このような工夫を凝らした物件は，ペットと一緒に暮らせることを売りにして，賃料を高めに設定することも可能です。ペットと一緒に暮らせるのなら，少しくらい賃料の高い物件でもかまわないと思う飼い主が増えてきたからでしょう。

(1)　犬猫飼育禁止特約がある場合

許可なく犬猫を飼育すれば，契約違反になります。賃貸借契約は，生活の基盤についての継続的な契約なので，契約違反がある場合でも，解除が認められないことがあります。いわゆる信頼関係まで破砕されていないと解除は認められないことになります。

⑵　大家さんとの交渉

例えば，契約しようとする物件がペット不可の場合，高齢になった猫を１匹だけ飼っている場合に，大家さんと交渉して，もう若くなく悪戯はしないことを説明する等して，その猫一代限り飼育を許可してもらう交渉手段があります。ペットに理解を示す大家さんであれば，特別に許可をしてくれるかもしれません。犬の場合でも，特約に違反していても，小型犬であれば特別に許してくれるかもしれません。ペットの飼育に理解を示す大家さんかもしれないので，駄目元で交渉してみてもよいでしょう。

そもそも，犬でも猫でも多頭飼育して，室内を荒らしているような場合は，特例違反であってもなくても大家さんも許してくれないでしょうから，契約解除に至るでしょう。

ペット飼育可の特約のある賃貸物件でも，想定外の損傷，室内の柱・壁や床をペットが著しく傷つけてしまった場合には，通常の使用を超える損耗・毀損に当たり，借りたときの原状に戻さなくてはならない場合があり得ます。そのようなときに，原状に戻さないと大家さんから損害賠償を請求されることにもつながります。賃貸借契約を締結する際に，どの程度までの損耗・毀損が許されるのか，契約内容を確認しておくことが大切でしょう。

2　裁判例

⑴　契約の更新拒絶：東京地方裁判所昭和54年８月30日判決（判例タイムズ400号174頁，判例時報949号83頁）

この裁判では，本件賃貸借契約では「不潔，その他近隣の迷惑になる行為」が無催告解除事由とされているところ，ベランダでシェパード犬とスピッツ犬を飼育し始め，共同住宅内の近隣から抜け毛が飛ぶ，臭いなどの苦情が出た事案で，貸主の更新拒絶につき正当事由があること認められました。

たとえ，ペット飼育可との特約があっても，ベランダで犬を飼うと近隣から苦情がくるでしょう。賃貸借契約の解除ではありませんが，契約の更新が認められなかった事例です。ペットと共に住み続けることはできなくなります。

⑵　信頼関係破壊：東京地方裁判所昭和58年１月28日判決（判例タイムズ492号95頁，判例時報1080号78頁）

この裁判では，猫の飼育禁止の特約のある賃貸マンションで，猫を飼育していたことは信頼関係を破壊するとして賃貸借契約の解除を認めました。

裁判所は，「本件賃貸借契約には，本件建物内において，風紀衛生上問題となる行為，火災等の危険を引き起こすおそれのある行為，近隣の迷惑となる行為及び犬等の家畜の飼育をすることを禁止する旨の特約が存する」ことを前提として認容しました。さらに続けて，「原告が本件建物内において悪臭を発し，野良猫に継続的に餌を与える等の行為は，前記本件建物内において風紀衛生上問題となる行為及び近隣の迷惑となる行為をすることを禁止する旨の特約に違反するものといわざるをえない。」と判断しました。そして，信頼関係について「一般に，猫を飼育することそれ自体について非難されるべきいわれはない。しかし，本件のような多数の居住者を擁する賃貸マンションにおいて，猫の飼育が自由に許されるとするならば，家屋内の柱や畳等が傷つけられるとか，猫の排泄物などのためにマンションの内外が不衛生になるという事態を生じ，あるいは，近隣居住者の中に日常生活において種々の不快な念を懐くものの出てくることは避け難いし，更には，前記認定のように転居の際に捨てられた猫が居着いて野良猫化し，マンションの居住者に被害を与えたり，環境の悪化に拍車をかけるであろうことは推測に難くないから，本件のような賃貸マンションにおいては猫の飼育を禁止するような特約がなされざるをえないものということができる。従って，本件のような賃貸マンションにおいてかかる特約がなされた以上，賃借人はこれを厳守する義務がある。もっとも，原告は，猫の爪を切ったり，その排泄物の処理については意を用いていたことは前記認定のとおりであるが，それだけでは右特約を遵守しているものとはいい難いし，更に，原告は本件マンションの敷地内でも野良猫に餌を与えたり，あるいは，賃貸借契約書中の記載をほしいままに塗りつぶし，猫の飼育についても被告の承諾をえたかのような工作さえしていることは前記認定のとおりである。そうすると，原告と被告間の信頼関係はすでに失われているものということができるから，本件賃貸借契約は，昭和56年６月17日をもつて解除により終了したといわなければならない。」として信頼関係の破壊を認めました。

⑶　敷金返還：東京簡易裁判所平成17年３月１日判決（裁判所ウェブサイト）

この裁判では，猫を飼っていた原告から被告に対し，特約条項としてペットの飼育を許可するが，解約時に室内クリーニング代の他に原状回復費用（脱臭作業を含む。）を頂戴する旨の記載がある契約の終了後に，敷金の返還を求めた事案について，原告が，猫を飼っていたことによる原状回復費用として，差し引かれたものの，敷金の一部を返還させるとの判断を示しました。

裁判所は，「原告が本件居室を故意又は過失によって毀損したり，あるいは原告が通常の使用を超える使用方法によって損傷させた場合には，その回復を原告の負担とするが，原告の居住，使用によって通常生じる損耗については，その回復を原告の負担とするものではないと解するのが相当である。」と前置きし，「洋間壁クロス張替え工事３万7700円と室内脱臭処理１万5000円の合計額５万2700円及び消費税分2635円（合計５万5335円）が原告が負担する原状回復費用となる。」と認定し「したがって，敷金23万4000円から差し引くと，返還すべき敷金残額は17万8665円となるから，原告の請求は，主文の限度で理由がある。」と判示しました。相当程度の原状回復費が認められています。

第２　マンションで規約との関係のトラブル

1　はじめに

マンションにおいては，ペット好きな人とペット嫌いな人が共存して生活をしなければならなくなることがあります。それだけ，トラブルになりやすい火種を抱えています。ところが，トラブルが生じても，容易に引っ越すこともできないので，紛争の根は深いといえます。

昭和の時代に建設されたマンション（集合住宅）の規約では「ペットは他人の迷惑にならないように飼うことができる」などと抽象的な条項を使用していることがありました。これでは，ペット好きな人は，複数飼育しても他人に迷惑はかけていないと主張し，ペット嫌いの人は，少しでもペットの臭い，鳴き声がすると迷惑だと主張することになり，生じたトラブルを解決することは難しくなってしまうでしょう。マンション規約でペット飼育に関する条項を設けるのであれば，ペットの種類の限定（例えば犬猫その他の小動物に限る），大きさの制限（例えば小型犬のみ，体高・体長を何センチ以下に限る），頭数（例えば２頭以下に限る）など具体的な規定にする必要があるでしょう。

2　裁判例

⑴　ペット飼育の全面禁止：横浜地方裁判所平成３年12月12日判決（判例タイムズ775号226頁，判例時報1420号108頁）

この裁判では，マンションの規約を変更して，ペット飼育を全面的に禁止するという内容の規約変更の効力が争われた事案で，全面禁止の規約変更も有効であり，その際，ペットを飼っている飼い主の承諾は，「本件規約により動物の飼育を禁止されることによって被告の受ける損害は，社会生活上通常受忍すべき限度を超えたものとはいえず」として建物の区分所有等に関する法律（以下「区分所有法」といいます）31条１項後段の「区分所有者の権利に特別の影響を及ぼすとき」に該当しないから不要であるとの判断を示しました。そして，室内での犬の飼育の禁止を命じました。

この事件の控訴審に当たる東京高裁平成６年８月４日判決（判タ855号301頁，判時1509号71頁）も，「具体的な被害の発生する場合に限定しないで動物を飼育する行為を一律に禁止する管理規約が当然に無効であるとはいえない。」「控訴人一家の本件犬の飼育はあくまでペットとしてのものであり，本件犬の飼育が控訴人の長男にとって自閉症の治療効果があって（控訴人は入居当初このことを管理組合に強調していた），専門治療上必要であるとか，本件犬が控訴人の家族の生活・生存にとって客観的に必要不可欠の存在であるなどの特段の事情があることを認めるに足りる証拠はない。」として同様の結論を示しました。

これらは平成時代初期の裁判例です。その後，ペットに関する諸事情も変化しています。仮に，現時点においてもう一度これと同様の裁判が起こされたたとしたら，判決内容は変わるかもしれません。

⑵　犬の飼育禁止：東京地方裁判所平成６年３月31日判決（判例時報1519号101頁）

この裁判では，マンションの管理組合で飼育中の犬猫は一代限りで認めることを決議した後に，区分所有者が新たに別の犬を飼い始めた事案で，その者に対する管理組合からの飼育禁止を求める差止請求（区分所有法57条１項）を認められました。

この裁判の事例では，「組合員等が小鳥及び魚類以外の動物を飼育することを禁止しているが，これに違反して犬猫を飼育するものが存在し，鳴声及び排泄物の問題や犬が子供にじゃれついて怯えさせる等の理由により，本件規定を組合員等に遵守させることが取り上げられ，昭和61年６月１日の総会において，本件規定を遵守させる現実的な妥協策として，当時犬猫を飼育している者をもって構成するペットクラブを設立させて飼育方法につき自主管理させるとともに，新規加入を認めず，現に飼育し，原告に登録した犬猫一代に限ってのみ飼育を認めることを決議し，時の経過に伴い，犬猫を飼育する者がいなくなり，ペットクラブが自然消滅するようにした。」とのことです。このことを前提としつつ裁判所は，「規約24条に基づく細則の本件規定により，犬猫の飼育を禁止しているが，前示１に認定の事実によれば，原告の構成員の多数が今なお本件規定の遵守を組合員等に求めていることが容易に認められるものであって，ペツトクラブの自然消滅を期し，厳格な管理の下に，ペットクラブ発足時の犬猫一代限りの飼育のみを承認するものとしている原告の構成員の多数の意思に反し，それ以外の犬猫を飼育する行為は，区分所有法６条１項所定の「区分所有者の共同の利益に反する行為」に該当するものとして，同法57条１項により差止（飼育禁止）請求の対象となるものというべきである。」と判断し，「本件規定違反を理由に犬の飼育の禁止を求める部分は理由がある。」しました。その結果，「被告らは，別紙物件目録記載の物件内で犬を飼育してはならない。」との主文を言い渡しました。規約などに違反してペットを飼育していると，裁判において飼育禁止の判決が出てしまうことがあり得るのです。

第３　所有権又は契約解除等に基づくペットの返還請求

１　はじめに

預けたペットを返してくれない，ペットをかわいがることを条件に譲ったのにかわいがっていないので契約を解除して返還してほしいというトラブルがあります。

特にブリーダーの間では，純血種の保存などの独特の価値観から，虐待している等の不適切な飼い主に対してペットの返還を求めることがあります。ほとんどの事例で契約書が存在せず，仮に契約書が存在したとしても，返還に関する特約の内容が明確でない事例が多いと思います。負担付贈与だとしても，その負担の具体的内容が何なのかが問題となります。債務不履行とする場合，どのような債務不履行があるのか，解除するとしたら解除原因があるのか等が争点となります。

2　裁判例

所有権に基づく返還請求：東京地方裁判所平成27年６月24日判決（判例集未登載）

事案の概要　本件の本訴は，福島第一原子力発電所事故の発生に伴って設置された仮設住宅に居住し本件犬猫を保護飼育していたという原告が，被告Y_1によって本件犬猫を連れ去られ，被告Y_2が情を知ってその引渡しを受けたと主張して，所有権に基づき，本件犬猫の引渡しを求める等請求した事案です。

被告らは，原告に対し，別紙物件目録記載の犬１匹及び猫５匹（以下「本件犬猫」という。）を引き渡せと訴えました。

裁判所は，「本件犬猫の引渡しを求める訴えの適法性について判断するに，このような特定物の引渡しを求める給付の訴えは，第三者（裁判所）においてもその対象物を他の同種のものと区別できる程度に特定されていなければ，勝訴判決を得たとしても強制執行をすることもできないから，訴えの対象物は，当事者が見て区別できるというだけでは足りず，第三者においても区別することができる程度に特定されている必要がある。」との基準を立て，「これを本件の訴えについてみると，原告は，別紙物件目録によって対象物を特定しているが，同目録では原告が命名した本件犬猫の名前が記載され，さらに原告が提出した書証の番号が記載されているものの，同書証を見ても，本件犬猫の写真と保護された時期及びその際の状況等が記載されているにすぎず，これだけでは，第三者において本件犬猫を他の一般の犬や猫と区別することはできず，強制執行をすることもできないというべきである。」と判断し，「そうすると，原告の本訴のうち本件犬猫の引渡しを求める部分は，対象物が特定されているとはいえない不適法な訴えであり，却下されるべきである。」と判断しました。

ペットの返還を求める訴訟では，判決後に得た債務名義に基づいて，強制執行することまで念頭に置いて，執行官が執行する際に現地において迷わず執行できるほどに，ペットの特徴を示す必要があるといえるでしょう。飼い主ならば判断がつくけれども，第三者が見たとき，区別がつかないという状況では，そもそも裁判自体が却下されてしまうことになります。

 保護ペットの譲渡活動に関するトラブル

1　はじめに

自治体の施設において，犬猫が多数殺処分されていることに対する批判があり，殺処分を免れるために，第三者に譲渡しようとする活動が広まっているようです。捨てられたり，迷子になって飼い主の分からないペットを，第三者に譲って飼育してもらう仕組みです。譲渡するに際しては，もらい手が適切な飼い主になるかについて，厳しい検査をするところもあるようです。譲渡後，虐待などすることなく，終生飼養することが前提となるでしょう。適切な飼育をしていることを示すために，譲渡後も定期的に報告をしなければならない場合もあるようです。譲渡の際には，譲渡に関する契約書が作成されることがあります。その契約書に，譲受人がペットに虐待した場合は，譲渡契約は解除され，譲渡主にペットを返還しなければならないという特約が付いていることがあります。虐待しているか否かの判断は難しいでしょうが，譲渡主から譲受人に対して，契約違反を理由に返還を求めても，譲受人は虐待はしていないと主張してこれを拒むというトラブルが生じることがあります。

2　裁判例

里親詐欺：大阪高等裁判所平成26年６月27日判決（判例集未登載）

この裁判では，里親活動をしていたボランティア活動をしている者から，適切に飼育するつもりはないのにあるかのようにだまして，５匹の猫を詐取した者に対し，猫の返還と損害賠償を求めた事案で，猫の返還請求に関しては，身体の一部の欠損，傷，ほくろの存在等の情報の記載

はない等の理由から猫を特定できないとして認めませんでしたが，およそ動物愛護の精神と相いれない悪質な行為であるとして，原告１人当たり20万円の慰謝料を含め，原告５名の合計として122万円の支払が認められました。

第５　多頭飼育のトラブル

同種のペットを雄雌双方飼っていると，当然繁殖する可能性があります。多くのペットでは多数頭の子供が生まれ，どんどん頭数が増えることでしょう。適切に去勢・避妊していくことが望ましいと考えられますが，ペットを愛するがあまり，いつの間にか増え過ぎてしまうことがあります。マンションの室内で百数十匹の猫を飼っていた事例もありました。鳴き声や，悪臭から近隣の人に気付かれてしまいトラブルとなります。百頭以上の猫のもらい手を探す，ワクチンや不妊治療などの必要も生じてしまいます。挙げ句の果てには，多数のペットを飼育する経済力がなくなるなどして放置してしまう，いわゆる多頭飼育の崩壊という現象が起きることもあります。糞尿の堆積した，不衛生な環境で飼育を続けると，動物虐待罪（動物愛護管理法44条）にも問われかねないことになります。

第６　葬祭・霊園にまつわるトラブル

１　葬　祭

愛玩動物が死亡した場合，葬祭を行う飼い主がいます。別れの儀式として，かわいがってくれた親戚や近所の人の参列を得ることもあります。そこに業者が絡むと，トラブルが生じることがあります。１頭ずつ火葬する契約なのに，共同で火葬し骨の区別がつかなくなってしまうトラブル。火葬すると偽り，死骸を野山に捨て，別のペットの骨を渡すトラブルもありました。悪徳業者にだまされないように注意する必要があります。

2　埋　葬

埋葬について，小動物に関しては規制する法律は見当たりません。自宅の庭に埋めることも可能でしょう。ただし，深く埋めるなどして，悪臭，虫の発生等近隣に迷惑のかからないようにする必要がありますし，当該地域の自治体が特別な規制をしていないかを確認すると良いでしょう。

3　霊　園

自宅に庭がないマンション住まい等の人の中には，死亡した愛玩動物を霊園に納めることを希望することもあります。霊園の施設もいろいろな種類があり，室内の棚の中の小部屋に埋葬する場合もあれば，屋外の敷地に墓石を立てて埋葬することもあるようです。ペットの名前を掘った墓石を立てると30万円ほどの費用がかかることもあるようです。

飼い主の墓に，ペットを一緒に納めることができるかは，その墓地の宗派の定め等によって決まることでしょう。そのお寺の宗教により許されるのであれば，人と同じ墓に納めることもできます。

4　動物葬儀業・霊園業に対する規制

動物の葬儀場・霊園に関して規制を加える法律はまだありません。令和元（2019）年の動物愛護管理法の改正においても，規制は加わりませんでした。動物愛護管理法は，生きている動物に関する法であり，死後のことを含めるべきでない等の意見もありました。もっとも，葬儀場・霊園に関する問題は現存するので，動物愛護管理法とは別の法律で規制することは十分に考えられます。

例えば，自宅の隣近所に動物の葬儀場や霊園が突然建設されるという話が持ち上がったら，多くの人はよい思いはしないのではないでしょうか。葬儀場や霊園が近所にあると，印象が悪い，土地の評価が下がる等近隣住民は反対しトラブルになるでしょう。ところが，法律上は，このような葬儀場や霊園の新設について，いまだに何の規制も設けられていないのです。条例のレベルでは規制されているところがあります。条例では，近隣住民の承諾が必要であるとか，学校等の特定の施設の近くには設置できないなどの距離制限を規制するものがあります。

全国レベルでの法律で，最低限の規制を行う必要があるのではないでしょうか。

COLUMN

スコットランドの忠犬ハチ公

スコットランドの首都であるエディンバラには，ボビーと名付けられた忠犬の像があります。ボビー（スカイ・テリア種）は，飼い主が1858年に亡くなった後，生涯を終えるまでの約14年間，飼い主の墓の傍で過したと伝えられています。

著 者 紹 介

渋 谷　寛（しぶや　ひろし）

プロフィール

昭和60年　東京司法書士会入会
平成８年　東京弁護士会入会
平成９年　渋谷総合法律事務所創設
農林水産省内獣医事審議会　元委員
環境省内中央環境審議会動物愛護部会ペットフード小委員会　元委員
環境省内中央環境審議会動物愛護部会動物愛護管理のあり方検討小委員会　元委員
八王子市動物愛護推進協議会　元委員
環境省内動物の適正な飼養管理方法等に関する検討会　委員
一般社団法人日本動物看護職協会　監事
ヤマザキ動物看護大学　非常勤講師
ペット法学会　事務局長，常任理事

ペットに関連する著書

『ペットのトラブル相談Q&A―基礎知識から具体的解決策まで（第２版）（トラブル相談シリーズ）』（共著・民事法研究会，2020年）
『ペットの判例ガイドブック―事件・事故，取引等のトラブルから刑事事件まで』（共著・民事法研究会，2018年）
『ペットの法律相談（最新青林法律相談）』（共編，著・青林書院，2016年）
『動物看護コアテキスト第１巻　人と動物の関係―動物人間関係学／動物福祉・理論／動物医療関連法規』（共著・ファームプレス，2018年）
『わかりやすい獣医師・動物病院の法律相談（加除式）』（編集・新日本法規，2010年）

その他

論　説

「ペットを取り巻く法律問題」自由と正義2009年12月号

「損害賠償の考え方　企画⑤ペットにまつわるトラブルと損害賠償の請求」月報司法書士2013年11月号

「ペットをめぐる法律実務」Low and Practice第11号2017年９月１日早稲田大学大学院法務研究科臨床法学研究会発行

「ペットの法律問題～人と動物が幸せに暮らすために　司法書士が特に知っておくべきペットをめぐる法的知識」月報司法書士2020年10月号

ペット法学会において報告したテーマ

2002年　「ペットが医療過誤により死亡した場合に慰謝料等の損害賠償額が高額に認められた事例（宇都宮地方裁判所平成14年３月28日判決）」

2007年　「獣医療と法　日本の法状況(1)」

2009年　「公共交通機関におけるペット移動に対する制約と裁判例に見る移動上の問題点」

2011年　「改正についての環境省の動きと改正の問題点」

2012年　「ペットフードの役割の変化と法的課題」

2013年　「改正動物愛護管理法と犬猫等販売業の対応策」

2014年　「飼い主責任の現状と課題」

2016年　「夜間展示と科学的知見」

2018年　「ペットから見る獣医師法及び獣医療法の課題」

ペット訴訟ハンドブック
―関係法・判例解説，交通事故，動物病院，飼い主が加害者となる場合，ペットショップ，ペットホテル，トリミングショップ，ペットをめぐる近隣トラブル―

2020年10月30日　初版発行
2023年12月4日　初版第2刷発行

著　者　渋　谷　　寛
発行者　和　田　　裕

発行所　日本加除出版株式会社
本　社　〒171－8516
東京都豊島区南長崎3丁目16番6号

組版　㈱郁文　　印刷・製本(POD)　京葉流通倉庫㈱

定価はカバー等に表示してあります。
落丁本・乱丁本は当社にてお取替えいたします。
お問合せの他、ご意見・感想等がございましたら、下記までお知らせください。

〒171-8516
東京都豊島区南長崎3丁目16番6号
日本加除出版株式会社　営業企画課
電話　03-3953-5642
FAX　03-3953-2061
e-mail　toiawase@kajo.co.jp
URL　www.kajo.co.jp

ISBN978-4-8178-4681-5